衛星画像で読み解く

噴火しそうな
日本の火山

Ken Shigeo Fukuda

福田重雄

日本評論社

はじめに

　環太平洋火山ベルトに属する日本には一万年以内に噴火した火山を含めますと、110もの火山があります。それらの多くが国立公園やジオパークに指定され、観光、登山、紅葉、キャンプ、スキー、トレッキング、温泉など四季を通して多くの行楽客が訪れています。知床火山群や富士山は、世界遺産に登録されています。

　日本人にとって火山の恵みは温泉です。観光産業にとっての温泉は、貴重な天然資源です。さらに火山がもたらす副産物には、金や銀、銅、亜鉛などの鉱物資源があります。平安時代から江戸末期まで日本の主要な輸出品は、これらの金属鉱物でした。エネルギー資源の視点から火山を捉えれば、日本は世界第3位の地熱エネルギー大国です。しかし2011年3月11日の東北地方太平洋沖地震以後、日本列島を含む極東アジア全域が不安定期に入っています。日本では、戦後最大の噴火による犠牲者が発生した御嶽山の噴火、箱根山の噴火、全島民が避難した口永良部島の新岳噴火、噴火活動中の桜島や阿蘇山があり、北海道では雌阿寒岳や樽前山でも火山活動が活発化しています。近い将来に噴火が確実視されている富士山、30年周期で噴火を繰り返すという伊豆大島の三原山。

　このように火山との共存が余儀なくされている日本ですが、マグマの位置や量、動きがつかめない現在、噴火予知は不可能です。そこで資源探査衛星ランドサットの主題別カラー画像を使って、視覚的に火山の実態を読み解くことが重要になります。

　第Ⅰ部は気象庁が24時間体制で常時監視する47の火山中、八丈島、青ヶ島、小笠原の硫黄島を除く44の火山を取り上げました。

　北海道では、アトサヌプリ（硫黄岳）、雌阿寒岳、大雪山、十勝岳、有珠山、北海道駒ヶ岳、樽前山、倶多楽湖、恵山。東北地方は、岩木山、岩手山、秋田焼山、秋田駒ヶ岳、鳥海山、栗駒山、蔵王山、吾妻山、安達太良山、磐梯山。関東地方では、那須岳、日光白根山、草津白根山、浅間山、三原山（伊豆大島）、新島、神津島、雄山（三宅島）。東海・中部地方では、富士山、箱根山、伊豆東部火山、新潟焼山、焼岳、乗鞍岳、白山、御嶽山。九州は、雲仙岳、鶴見岳・伽藍岳、九重山、阿蘇山、霧島火山群、桜島、薩摩硫黄島、口永良部島、諏訪之瀬島です。

　第Ⅱ部は常時監視対象外ですが、噴気や小規模な水蒸気爆発、火山性微動が観測されている知床半島火山群の硫黄岳や羅臼岳、恐山、八甲田山、高原山、榛名山、立山、三瓶山、指宿・開聞岳、国後島の爺爺岳を取り上げました。はじめて衛星画像を使って活火山を読み取ら

れる方は、噴火前と噴火中を四種類の主題別カラー画像で見比べた雄山（三宅島）から読み進めてください。

　衛星画像は非常に高価な上に、本書で使用しているランドサットの主題別カラー画像の入手はほぼ不可能です。さらに印刷物では、画像の対地縮尺、色の濃淡、色合い、キメなどが忠実に再現できません。そのため有償になりますが、衛星画像の利用普及と教育支援を目的に本書で使用している全画像210余点を実サイズで収録した画像CD-ROM（DVDの場合もあります）の提供をしています。火山、地学、地形学、地史、河川工学、中学や高校における地学や地理での授業、地域防災、観光や農業振興、登山や旅行などの幅広い分野で活用されることを希望します。

　本書の出版は、スペースイメージング社、JAXA（宇宙航空研究開発機構）、NASAの理解と協力で実現しました。関係者各位の協力に、改めて感謝します。

2017年2月　福田重雄

目次

第Ⅰ部
活火山（24時間体制監視対象） 007

- ① アトサヌプリ（硫黄岳）……008
- ② 雌阿寒岳……010
- ③ 大雪山……012
- ④ 十勝岳……014
- ⑤ 有珠山……016
- ⑥ 駒ヶ岳……018
- ⑦ 樽前山……020
- ⑧ 倶多楽湖……022
- ⑨ 恵山……024
- ⑩ 岩木山（津軽富士）……026
- ⑪ 岩手山（南部富士）……028
- ⑫ 秋田焼山……030
- ⑬ 秋田駒ヶ岳……032
- ⑭ 鳥海山……034
- ⑮ 栗駒山……036
- ⑯ 蔵王山（熊野岳）……038
- ⑰ 吾妻山……040
- ⑱ 安達太良山……042
- ⑲ 磐梯山……044
- ⑳ 那須岳（茶臼岳）……046
- ㉑ 日光白根山……048
- ㉒ 草津白根山……050
- ㉓ 浅間山……052
- ㉔ 三原山（伊豆大島）……054
- ㉕ 新島……056
- ㉖ 神津島……058
- ㉗ 雄山（三宅島）……060
- ㉚ 富士山……062
- ㉛ 箱根山（神山）……064
- ㉜ 伊豆東部火山……066
- ㉝ 新潟焼山……068
- ㉞ 焼岳・上高地……070
- ㉟ 乗鞍岳……072
- ㊱ 白山・白峰……074
- ㊲ 御嶽山（御岳山）……076
- ㊵ 雲仙岳（雲仙普賢岳）……078
- ㊶ 鶴見岳・伽藍岳……080
- ㊷ 九重山……082
- ㊸ 阿蘇山……084
- ㊹ 霧島火山群……086
- ㊺ 桜島（北岳）……088
- ㊻ 薩摩硫黄島……090
- ㊼ 口永良部島……091
- ㊽ 諏訪之瀬島……092

第Ⅱ部
監視対象外の火山 095

- ⑨⓪ 知床火山群……096
- ⑨① 恐山……098
- ⑨② 八甲田山……100
- ⑨③ 高原山……102
- ⑨④ 榛名山……104
- ⑨⑤ 立山・弥陀ヶ原……106
- ⑨⑥ 三瓶山……108
- ⑨⑦ 開聞岳……110
- ⑨⑨ 爺爺岳（国後島）……112

ランドサットの主題別カラー画像──読み解きポイント	001
地上の実写図──可視域カラー画像	002
植生分布や地形から火山を読み解く──フォールスカラー画像 ①	003
熱分布から火山の実態を読み解く──フォールスカラー画像 ②	004
噴出物の年代やマグマの状態から火山を読み解く──フォールスカラー画像 ③	005
資源探査を目的とした人工衛星──ランドサットの機能と役割	006
コラム1 平和、軍事を問わず衛星を使った観測・観察は、究極の領空侵犯!?	093
コラム2 衛星リモートセンシングを使った究極のインテリジェンス・ビジネス	094
コラム3 資源探査衛星──ランドサットの運用と使用方法	114
データインデックス	117
専用画像CD-ROMの申込み方法	118
専用画像CD-ROMに収録されている画像の取り扱い	118

注：各火山に付与した番号は、朝日新聞東京本社版紙面で採用しているものを参考にしました。番号28、29、38、39、49〜89は該当する火山がありません。

ランドサットの主題別カラー画像——読み解きポイント

　本書は、火山の現況、地形、火山性の熱現象、山体の崩壊状態、溶岩流や火砕流、噴石などの噴出物域、さらには地質や火山の副産物である温泉などが画像を通して読み解けるようランドサットの四種類の主題別カラー画像を使っています。地理的な位置や関係が理解できるように一部の画像には、地名などが書き込まれています。画像CD-ROM（DVDの場合もあります）に収録されている実サイズ画像には、地名などは一切入っていません（陸域の資源探査を目的にしているランドサットでは、海洋島域のデータは日本では受信していません）。

　本書で使用している画像の地上距離は、噴火に伴う溶岩流や火砕流、泥流、噴石などの直接的な噴出物域、その後に発生する岩なだれや土石流災害域などを考慮し、陸域の火山は横24km、縦18kmの地上をカバーしています。広大な裾野を持つ富士山だけは、36×24kmになっています。神津島、新島、桜島、薩摩硫黄島、口永良部島、諏訪之瀬島などの火山島は、画像上に地上距離を明記しておきました。

　ここでは10年単位で噴火を繰り返す浅間山を例に、本書で使用している四種類の主題別カラー画像の特徴と読み解きポイントを解説します。

地上の実写図――可視域カラー画像

　肉眼で色として認識できる可視光の三原色、青（Blue）、緑（Green）、赤（Red）に対応したセンサーのデータだけを使って作られた画像です。一般に、衛星写真と呼ばれている画像です。肉眼で色として認識できる可視域データから作られた画像のため、トゥルーカラー（True Color）と呼ばれます。ランドサットのバンド1（可視光の青域）、バンド2（緑域）、バンド3（赤域）を解析時にカラーチャネルのB、G、Rに割り当てた画像です。バンドとは、各センサーが観測したデータです。

BGR-123

＜BGR＝123＞の読み解きポイント

　火山の全体像、火山から市街地までの距離、泥流や火砕流の規模や方向などが読み取れます。地表の現況を知るには最適かもしれませんが、資源探査を目的とするランドサットでは物質の特性（反射や放射する電磁波）を観測したデータをカラー画像化した主題別カラー画像が重要視されます。そのためリモートセンシングでは、衛星写真は現地の地理的な特徴を確認する程度でしか使用しません。しかし、衛星写真に古墳、遺跡、城郭跡、古道、化石の発見場所などをプロットしますと、独自の地図を作ることができます。

　地上の実写を見るだけでしたら、民間衛星会社が観測した高分解能の可視域カラー画像を使用しているグーグルアース（Google Earth）などが便利です。高分解能の可視域カラー画像（衛星写真）は、災害などの際に建物や道路などの構造物の被害状況を形や色で読み解く形状（パターン）判読に利用されます。資源探査を目的とするランドサットでは、主題別カラー画像を使うため、探す目的や主題の物質分布を色の濃淡やキメから読み取る画像判読技術が必要です。

植生分布や地形から火山を読み解く——フォールスカラー画像①

　資源探査では、肉眼で色として認識できない近赤外域、短波赤外域、中間波赤外域（熱放射）のセンサーが観測したデータを画像化し、地表の物質分布を探索します。肉眼で認識できない赤外域のデータを組み込んで作られた画像を、フォールスカラー（False Color、偽りの色）画像と呼びます。バンド2、3、4をカラーチャネルのB（青）、G（緑）、R（赤）に割り当てたフォールスカラー画像から地形、地表の露出域、植物（植生）の分布状況を知ることができます。

BGR-234

＜BGR＝234＞の読み解きポイント

　資源探査を目的とするランドサットでは、可視光三原色に対応したバンド以外に近赤外域、短波赤外域、中間波赤外域まで観測したバンドを利用することができます。ランドサット7号では、地表からの熱現象を観測するバンドとして、分解能60mと120mの二種類から選択することができます。

　バンド4は、植物細胞が反射する電磁波域（近赤外域の0.76〜0.90μm（マイクロメートル、$1×10^{-6}$ m））を観測しています。米、麦、トウモロコシなどの主要穀物の作付け、成長度合い、収穫予測などを調査する際に使われます。植物域を赤色系で表示させて赤の濃淡やキメから、森林の状態、植生の違い、活性度を知ることができます。植生の読み解きでは、濃淡以上に色のキメに注目します。滑らかな赤で表示されている森林は広葉樹林、毛羽立っている場合は針葉樹林となります。地表の露出域は、シアン系で表示されます。ゴツゴツした岩山では、ざらついて表示されます。水分を多く含んだ岩石や土壌は、青の混じった青黒いシアンで表示されます。地理や地形学分野では、立体的な地形マップを作る際の原画像として使用されています。衛星写真以上にインパクトがあるため、最近では観光用マップ制作などでも使われています。

熱分布から火山の実態を読み解く──フォールスカラー画像②

　水域を青（Blue）、植生域を緑（Green）、地上からの放射や放射の熱現象を赤（Red）で表示させます。バンド2にB（ブルー）、バンド4にG（グリーン）、バンド6にR（レッド）を割り当てたフォールスカラー画像からは、植生（植物）分布、水域、地表の熱分布、土壌や岩石の含水を知ることができます。分解能の異なるバンドを組み入れた画像ため、画像は全体的にぼやけます。

BGR-246

＜BGR＝246＞の読み解きポイント

　資源探査を目的とするランドサットでは、画像化する主題に応じて数十点の画像を作ることがあります。比較検証する場合は、異なる季節に観測されたデータも併用します。BGR＝246の画像は、バンド2をB（Blue）に割り当てているため、河川や湖沼などの水域、雪や氷、湯気や蒸気など水からできている物質が青系色で表示されます。植物細胞から反射される近赤外域の電磁波を観測したバンド4をG（Green）に割り当てたことで、植物（植生）域は緑系の色で表示されます。地表からの熱（地上からの放射や放射熱）を観測したバンド6をR（Red）に割り当てるため、赤に近いほど熱が多いことになります。BGR＝246の画像は、都市のヒートアイランド現象を調査する際にも使われます。

　地表からの熱現象を捕捉しているランドサット5号TMのバンド6の分解能は120mですが、7号ETM+ではバンド61が60m、バンド62が120mの二種類があります。本書では一部を除き、分解能が高い7号ETM+のバンド61を使用しています。BGR＝246の画像から、地形、水域、熱分布が同時に読み取れるため、熱分布だけを表したサーモグラフィと併用して温泉探しに使われます。雲や雪、水蒸気など水を主成分とする物質は、空色（シアン系）の色で表示されます。土壌や岩石の含水が読み取れるため、農業分野でも使われるようになっています。

噴出物の年代やマグマの状態から火山を読み解く──フォールスカラー画像③

　土壌や岩石を判読するには、短波長赤外域を観測したバンドが使用されます。バンド5（1.55～1.75μm）を組み入れた画像からは、土壌、岩石、コンクリートやアスファルトなどの人工構造物を読み解くことできます。バンド7（2.08～2.35μm）はランドサット5号から搭載され、マグマを成因とする火山性噴出物を特定します。金や銀、銅、亜鉛などの金属鉱物はマグマの残滓である熱水鉱床に形成されます。

BGR-457

＜BGR＝457＞の読み解きポイント

　植物細胞が反射する近赤外域を観測しているバンド4を青（Blue）に割り当てているため、森林や農地などの植生域はブルー（青色系）で表示されます。マグマを成因とする溶岩や火成岩を観測する短波長赤外域のバンド7を赤（Red）に割り当てているため溶岩流、火山灰、スコリア（軽石や小粒な礫）などの火山性噴出物は濃い黒褐色から褐色、深みのある茶系色で表示されます。火口内に溶けた状態の溶岩（マグマ）が溜まっている火山では、火口内が濃い赤や赤系の肌色で表示されます。火口内にマグマが露出している事例は、085ページの阿蘇中岳の第1火口を参考にされると良いでしょう。水蒸気を多く含む噴煙は青白く表示されますが、火山灰、火山礫、軽石などが含まれる噴煙は明るい茶系色で表示されます。積雪域は植生域と同じブルー系ですが、明るい鮮やかな空色系のブルーになります。

　BGR＝246の画像と組み合わせて使用することで、火山の実態をより詳しく知ることができます。青（ブルー）に茶色が重なった厚みのある青褐色から、地表が草や森林に覆われていても、それら植物の下の岩石が溶岩などの火山性噴出物かどうかを知ることもできます。別荘地の多くは火山の山麓に点在しています。別荘地を選ぶ際は、土地の成因にも関心を払うべきでしょう。

資源探査を目的とした人工衛星——ランドサットの機能と役割

　アメリカ合衆国政府が所有する資源探査を目的とするランドサットは、1972年の1号機から運用を開始し、現在は8号機が観測中です。本書では、ランドサット5号TM（Thematic Mapper）センサーと7号ETM+（Enhanced Thematic Mapper Plus）センサーが観測したデータを併用しています。

　ランドサットの役割は地表の物質分布を画像化し、資源の分布域を特定することです。衛星データの解析では、個々のセンサーが観測したデータをバンドと呼びます。ランドサット5号TMセンサーは、7種類のセンサーで構成されていますから7バンド構成の衛星データになります。ランドサット7号ETM+では熱赤外域のデータが120mと60mの2種類の分解能があるため、8バンド構成の衛星データです。ランドサットのデータを解析して得られるカラー画像はThematic Mapと呼ばれ、日本語で主題別カラー画像と訳されます。主題別カラー画像とは、探したいモノ、知りたいモノを色の違いや濃淡から読み解くためのカラー画像です。読み取った結果を、現地に出掛けて検証します。この作業をグランドトゥルースと呼びますが、著者は主題別カラー画像の読み解きから現地検証までをアースウォッチと呼んでいます。

ランドサット7号ETM+センサーのバンド構成

バンド名	波長域（μm）	分解能（m）	観測範囲
バンド10	0.45〜0.52	30	可視光の青（Blue）
バンド20	0.52〜0.60	30	可視光の緑（Green）
バンド30	0.63〜0.69	30	可視光の赤（Red）
バンド40	0.76〜0.90	30	近赤外域
バンド50	1.55〜1.75	30	短波赤外線域
バンド61	10.40〜12.50	60	熱（中間波）赤外線域
バンド62	10.40〜12.50	120	熱（中間波）赤外線域
バンド70	2.08〜2.35	30	短波赤外線域
バンド80	0.50〜0.90	15	パンクローム

　ランドサット7号ETM+から、バンド名が二桁になりました。バンド10から50は5号TMセンサーのバンド1からバンド5、バンド70は5号TMセンサーのバンド7と同じ仕様です。7号ETM+のバンド61は分解能が60mですが、バンド62は5号TMのバンド6と同じく分解能は120mです。可視光域（0.50〜0.90μm）で観測したバンド80のパンクロ（モノクロ）データの分解能は15mです。

　ランドサットを含む主要な地球観測衛星のデータは、一般財団法人リモート・センシング技術センター（RESTEC）から購入することができます。購入方法や利用料金は、下記Webページでご確認ください。

https://www.restec.or.jp

第Ⅰ部
活火山（24時間体制監視対象）

2011年3月11日の東北地方太平洋沖地震以後、火山活動が注目されてきました。2014年9月27日の噴火による犠牲者としては戦後最大の御嶽山噴火を契機に、口永良部島、桜島、霧島山、阿蘇、箱根、浅間山、富士山、草津白根山、日光白根山、吾妻山、蔵王、十勝岳、樽前山、雌阿寒岳などでの火山活動が注目されています。
第Ⅰ部では気象庁が24時間体制で常時監視している47の火山のうち、伊豆大島、三宅島、薩摩硫黄島、口永良部島、諏訪之瀬島などの島嶼部を含む44の火山を取り上げました。
第Ⅱ部は常時監視対象外ですが、火山活動が活発化している知床火山群、八甲田、黒部・弥陀ヶ原、北方領土などの火山を取り上げています。
各火山に付与した番号は、朝日新聞東京本社版紙面で採用しているものを参考にしました。
気象庁による活火山の活動状況を示す噴火警戒レベルは、2007年から採用されました。
5段階の噴火警戒レベルは、以下のようになっています。警戒レベルやハザードマップの整備状況は、2016年12月末時点です。

レベル1　活火山であることに留意
レベル2　火口周辺への立入り規制
レベル3　入山規制（禁止）
レベル4　避難準備
レベル5　避難

01 アトサヌプリ（硫黄岳）

512 m	北海道（釧路支庁）
ハザードマップ：整備済み	警戒レベル：1

屈斜路湖から摩周湖まで含んだ世界最大級の屈斜路カルデラの中央火口丘にある活火山。噴火の履歴や災害記録などは残されていない。アトサヌプリ山麓では1970年代半ばまで大規模な硫黄鉱山が操業していた。屈斜路湖東岸からアトサヌプリの手前までは、白樺などの広葉樹林の中に自然遊歩道が整備されている。中央火口丘の周囲には昭和の大横綱、大鵬が上京するまで過ごした川湯、コタン、和琴、池の湯などの温泉地が点在している。アイヌ語で神の山を意味するカムイヌプリ（摩周岳、857 m）はくっきりした火口の輪郭を維持し、3,4万年前まで噴火活動を続けていたと考えられる。

01-234

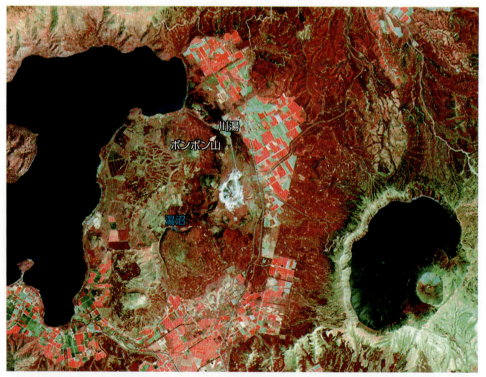

アトサヌプリでは硫黄の採掘が行われており、植物の再生は見られない。アトサヌプリから川湯にかけては、整然と農場が開発されている。カムイヌプリの火口、火口縁の北斜面（鮮やかなシアン）には植生がまったく見られない。南山麓では広範囲に渡って地表がむき出しており、大規模な崩落があったと思われる。

00-246

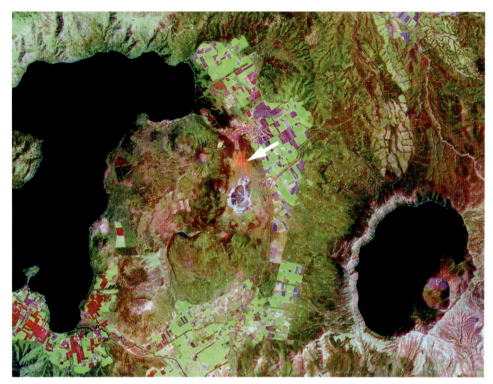

火山性の放射熱が多い地域は、アトサヌプリの北山麓（川湯温泉との中間域の濃いピンク、矢印の箇所）、アトサヌプリとは小さな尾根で挟んだコブのように突き出した丘陵、川湯温泉西の小山、湯沼とアトサヌプリの中間にある谷の4地域。屈斜路湖面に張り出すように淡いピンクで表示されている場所には、湖岸からに温泉が湧き出している。

01-457

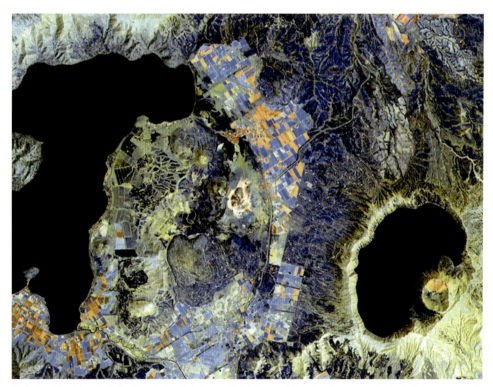

露出する農地が鮮やかな茶系色であることから、一帯は火山性の土壌からできていることが読み取れる。川湯温泉西の小山の頂上域が濃い茶褐色であることから、比較的新しい時期に噴火があったと思われる。カムイヌプリ（摩周岳）南山麓の大規模な崩落跡（淡いクリーム）は、風化が進んだ火山性の岩石が露出していると考えられる。

02 雌阿寒岳 めあかんだけ

1499 m	北海道（十勝・釧路両支庁）
ハザードマップ：整備済み	警戒レベル：2

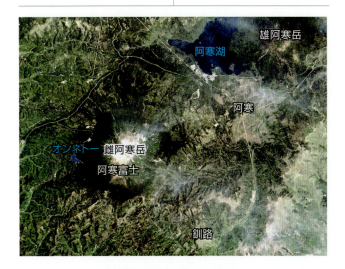

雌阿寒岳や阿寒富士の山頂付近には、雪が残っている。雌阿寒岳を含む一帯の火山群の噴火履歴は明確になっていないが、比較的新しい時期に形成されたものと考えられる。阿寒湖に近い雌阿寒岳山麓では、ボッケ（火山ガスで泥などがボコボコ沸き立つ現象）を遊歩道から見ることができる。阿寒湖東岸の雄阿寒岳は大量の溶岩が流出し、山麓を流れる川をせき止めてペンケトーとパンケトー二つの原始湖が作られた。雌阿寒岳では2012年頃から火山性地震が多発。2015年7月28日に噴火警戒レベル2に引き上げられ、雌阿寒岳ポンマチネシリ火口から半径500m以内の立入りが規制されている。6月中旬に観測されたデータを使用。

02-234

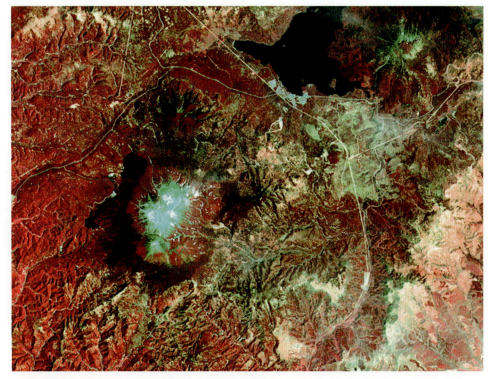

雌阿寒岳を含む一帯の火山は、円形に隆起した台地中央に集中している。雪は白色で表示されるはずが、シアン（水色）と白が混在している。火山の熱や吹き上げる蒸気で水分の多い雪になったものと考えられる。雄阿寒岳は山頂直下を除き、かなりの地域で植物が再生している。

02-246

雪に覆われているにも関らず、雌阿寒岳の火山群では相当量の熱が見られる。本来、積雪はブルーが強いシアン(水色)で表示される。雌阿寒岳のすぐ南、山全体が濃い赤系のピンクで表示されている山が活動中のポンマチネシリ火口。雌阿寒岳では南の谷に向かって熱量の多い地域が広がっている。一帯は原生林に覆われ、人工的な熱源のない地域である。

02-457

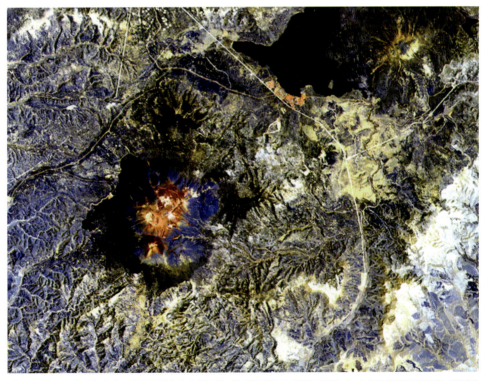

ポンマチネシリ火口を含めて雌阿寒岳火山山頂域は、比較的新しい時期に噴出した火山性岩石を表す濃い茶褐色で表示されている。火山性の熱で雪が解け、うっすらと噴出物を覆っているせいか。雄阿寒岳では阿寒湖に近い北山麓にかけて沈んだ茶褐色で表示され、かつて溶岩流出があったことが読み取れる。

大雪山

03

旭岳 2290 m	北海道（上川支庁）
ハザードマップ：未整備	警戒レベル：1

旭岳（2290m）、北鎮岳（2246m）、白雲岳（2230m）を含む一帯の山々を総称して大雪山、または大雪山系と呼ばれている。大雪山系における噴火の履歴や災害は、明確になっていない。上川盆地の中心都市、旭川市から近いこともあって大雪山系には愛山渓、層雲峡、天人峡、勇駒別など温泉を中心とした大型の山岳リゾート施設が開発されてきた。活発な噴火活動が見られる地域は、山系西端に位置する旭岳とその周辺。旭岳西山麓のリゾート施設とは、ケーブルカーで結ばれるほど近い。8月中旬に観測されたデータを使用。

03-234

山岳地が真っ赤に表示され、植物で覆われていることが読み取れる。大雪山系の山肌に走るいくつもの白い筋は、渓谷に残された雪と思われる。旭岳山頂の濃いシアンで東西に延びる一帯が噴火活動の中心域と見られる。大きな火口を持つ北鎮岳は火口原に低木の木々や草が再生し、活動は収まっていると考えられる。

03-246

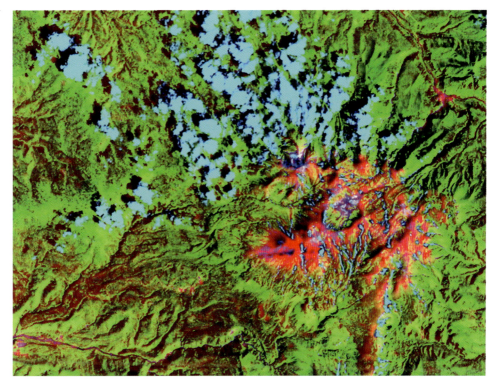

雲は水蒸気の塊のため、濃いシアンで表示される。雪も水を大量に含んでいるため、シアンで表示される。大雪山系に走る幾筋ものシアンは、渓谷の残雪であることが読み取れる。火山からの熱と思われる地域は、旭岳山頂の東西に伸びる谷とその周辺に集中している。

03-457

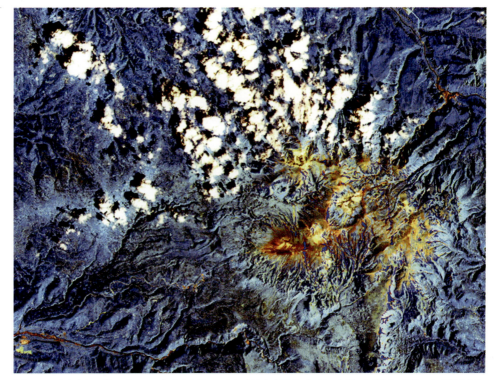

雪は、べったりとした濃いブルーで表示される。これによると大雪山系では、真夏でも残雪のあることが読み取れる。旭岳山頂に東西に開いた谷とその周辺域だけが他と比較しても鮮やかな濃い茶褐色であることから、先の03-246と合わせて考えると一帯が噴火活動の中心域であると思われる。

04 十勝岳

2077m	北海道（上川・十勝両支庁）
ハザードマップ：整備済み	警戒レベル：1

1926年の十勝岳噴火では、流出した溶岩による融雪で大規模な泥流が発生した。泥流は30分弱で20km先の上富良野市街地に達し144名が死亡した。その後、泥流や土石流防止のため、大小さまざまな堰堤（えんてい）が山麓に設置された。十勝岳火口では火山性地震が多発しており、マグマ水蒸気噴火の恐れがあるとして2014年12月16日に警戒レベル2に引き上げられた。その活動が収まり2015年2月、レベル1に戻された。十勝岳以上に注意が必要な火山は、活発に噴煙を上げ続ける新十勝岳であろう。画像中央上の道路に囲まれた広い整地は、自衛隊富良野駐屯地。

04-234

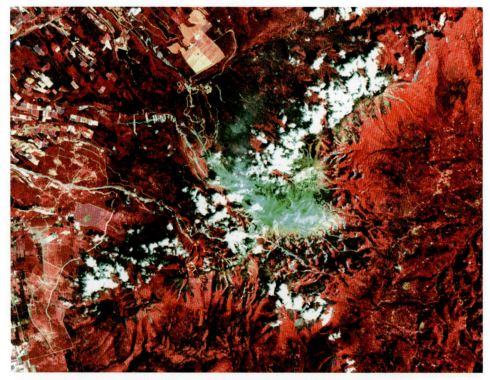

植物域を示す赤でも、深い原生林に覆われた山岳地、丘陵地に開かれた農地や牧草地、自衛隊駐屯地では、赤の濃淡やキメが大きく異なっている。これは植生の違い、植物の量、植物細胞の活性度合に由来している。十勝岳から新十勝岳の山頂尾根は濃いシアンで表示され、広範囲に地表が露出していることが読み取れる。

04-246

十勝岳や新十勝岳周辺に鮮やかな濃い赤系のピンクが目立つ。十勝川源流の東側山腹に、熱の多い地域が広がっている様子が読み取れる。泥流・土石流防止の堰堤が無数に設置されている上富良野の河川の上流域が帯状にピンクで表示され（矢印のあたり）、新しく流出した火山性の岩石が露出しているものと思われる。

04-457

十勝川源流域では、山肌に幾筋もの茶褐色が走っている。泥流は富良野側ばかりでなく、十勝川の源流域でも発生していたと思われる。噴煙が上がる新十勝岳が濃い鮮やかな茶褐色に対し、十勝岳は明るい茶色で表示されている。これは活動レベルの違いによるものと考えられる。

有珠山

05

727m	北海道（胆振支庁）
ハザードマップ：整備済み	警戒レベル：1

1782年の大噴火では大規模な火砕流が発生、周辺の集落は壊滅的な被害を受け、死傷者も多数発生。1945年には昭和新山（407m）が畑の中に一晩で出現。有珠山は1977年8月にも噴火。2000年の噴火では北海道大学の岡田弘氏を中心にした火山研究チームが傾斜計などを設置し、山体膨張を観測して噴火時期を周辺自治体に事前に通知し、人的被害をゼロに抑えた。有珠山一帯は火山ジオパークに指定されて観察道が整備され、激しく噴出する蒸気や熱泉が噴出する荒々しい活動中の火山現場が観察できる。洞爺湖カルデラの中央火口丘であった中島は島全体が植物に覆われ、噴火の痕跡を残していない。

05-234

有珠山が外輪山を持った複式火山に対し、昭和新山は有珠山の裾野に発生した有珠山の山腹火山。昭和新山の北裾野にも盛り上がった二つの小山（矢印）が見られる。これらも昭和新山同様、有珠山の山腹火山と考えられる。

05-246

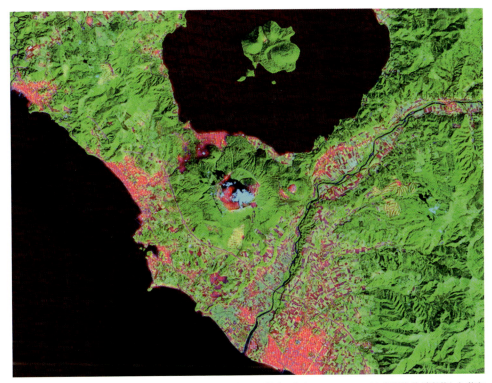

火山性の熱が多い地域は、有珠山の内輪、洞爺湖温泉にほど近い小山（山腹火山であろう）の西半分が崩落した谷あい、そこに隣接する南西の谷あい。これら二か所の谷あいは全体に濃い沈んだピンクの中、濃いシアンの点が見られる。地獄谷のような場所で、蒸気などが噴出していると思われる。

05-457

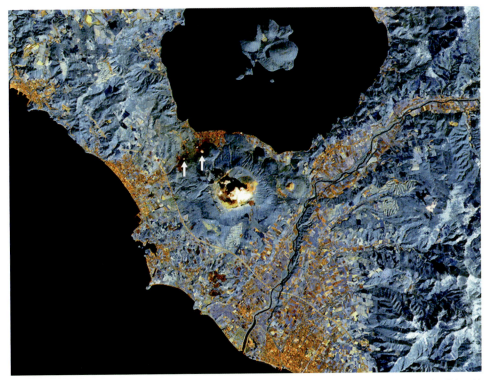

昭和新山の火口域は明るい黄褐色であるのに対し、2000年の噴火でできた洞爺湖温泉近くの二か所の谷あいは濃い茶褐色で表示されている。溶岩などの火山性の岩石が新しく露出していると考えられる。濃い茶褐色の中、白く光る複数点が蒸気を噴出している場所か。

駒ヶ岳

06		
	1133 m	北海道（渡島支庁）
	ハザードマップ：整備済み	警戒レベル：1

1640年の噴火では山頂一帯が崩壊し、大規模な岩なだれが発生。大量の土砂が内浦湾（噴火湾）に流出し、津波を引き起こした。この津波で長万部から室蘭にかけた地域で700名以上が死亡している。海側の東山麓には土石流を防ぐ目的を兼ねた自衛隊の演習場が開かれている。山麓の大沼は、駒ヶ岳の噴火で出現したせき止め湖。内浦湾全体が太古の巨大カルデラであったことから、駒ヶ岳や有珠山は、内浦湾カルデラの外輪山と考えることもできる。苫小牧沖から内浦湾（噴火湾）にかけた海域では、1970年代に米国石油メジャーによる油田探索が行われた。商業生産に見合うほどの油兆は、確認されなかった。

06-234

東山麓の海岸線手前まで滑らかな沈んだシアンで表示されている一帯が、1640年の噴火で発生した大規模な岩なだれの跡。火口直下北側のやや明るいシアン域はざらついており、新しい時期に水蒸気爆発でできた地獄谷のような地形か。中央火口は小さいが、谷を挟んだ場所にも小さな火山が見られる。

06-246

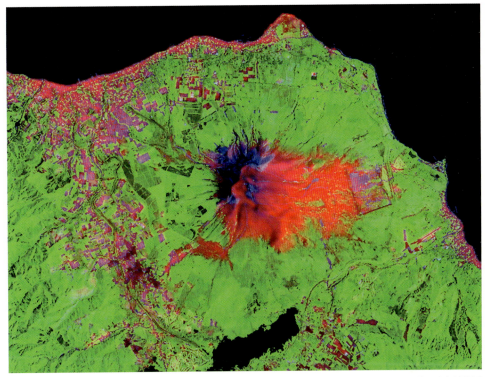

山頂北側の谷一帯が青みのある水色になっている。これは吹き出す蒸気の水蒸気に覆われているか、または多量の水分を含んだ岩石や土砂が露出しているためと考えられる。中央火口の西側の小火山から南山麓に向かって熱の多い地域が広がっており、土石流が発生していたものと思われる。

06-457

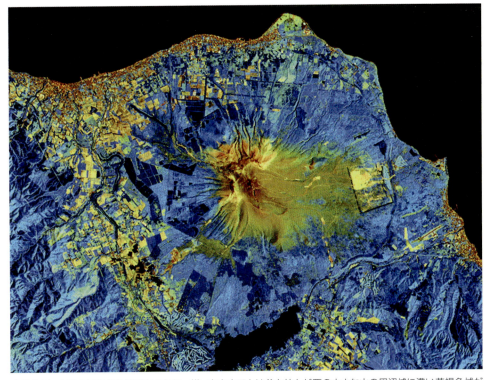

中央火口、中央火口北の地獄谷のような一帯、中央火口とは谷を挟んだ西の小さな山の周辺域に濃い茶褐色域が見られ、新しい火山性の岩石が露出しているものと思われる。山麓南から西にかけては淡い黄茶色が広がり、土石流の方向と広がりを知ることができよう。

第Ⅰ部　活火山　019

樽前山

1038 m	北海道（石狩・胆振両支庁）
ハザードマップ：整備済み	警戒レベル：1

支笏湖を取り巻く樽前山（1038m）、恵庭岳（1320m）、風不死岳（1103m）などの火山は、支笏カルデラを形成する外輪山である。2014年7月、震度4の地震が地下3kmで発生。浅い場所で発生した局地的な地震であったことから噴火の前兆と考えられ、風不死岳を含む樽前山一帯での観測が強化された。深い緑の中、樽前山のくっきりとした外輪と中央火口丘が異様なほど目立つ。支笏湖湖岸には多くの温泉があり、湖岸や湖面から立ち昇る湯気を見ることができる。この画像でも湖岸が白い湯気のようなものが、複数箇所で見られる。

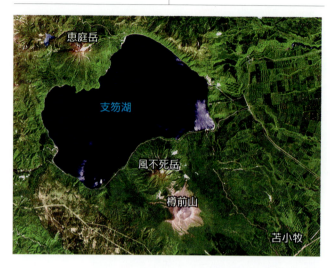

07-234

樽前山が複式火山であり、外輪山は一部も欠けることなく維持していることから、新しい火山であることが読み取れる。風不死岳は山頂直下まで植物が再生しているが、対岸の恵庭岳では火口域にシアンが見られ岩石が露出していることが読み取れる。湖岸東・湖の南端2か所から煙のように立ち昇るシアンで表示されている根元に注目。

07-246

風不死岳では熱はまったく観測されないが、樽前山では山全体が赤を基調にした濃いピンクで表示され、相当量の熱があると考えられる。湖岸から立ち昇る煙のような根元は湖面に張り出してピンク域が広がっており、湖岸から温泉が湧き出していると考えられる。

07-457

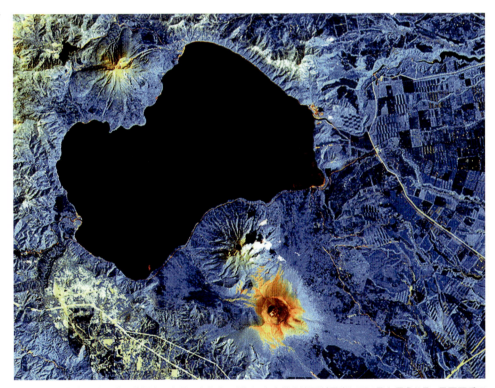

樽前山の中央火口丘は濃い茶褐色であることから、新しい火山性の岩石が露出していると見られる。風不死岳では山頂付近のみが淡い黄茶色であることから、溶岩などの流出は近年なかったと思われる。恵庭岳の火口域はざらついた明るい茶褐色であることから、溶岩など岩石が露出していると考えられる。

08 倶多楽湖 くったらこ

—	北海道（胆振支庁）
ハザードマップ：整備済み	警戒レベル：1

正円形の倶多楽湖そのものが巨大な火口である。湖の西山麓、登別温泉側の地獄谷の熱水や蒸気が激しく噴出している一帯も倶多楽火山群の火口原である。倶多楽湖から北西の湖、橘湖も火口湖である。丸い火口の輪郭こそ残されているが、火口内斜面が崩れて湖面が楕円状になっている。倶多楽湖山麓の登別温泉は、別府、草津と並び日本を代表する三大温泉の一つに数えられている。周辺には登別温泉以外にも、カルルス温泉などの大規模温泉リゾート施設が開発されている。

08-234

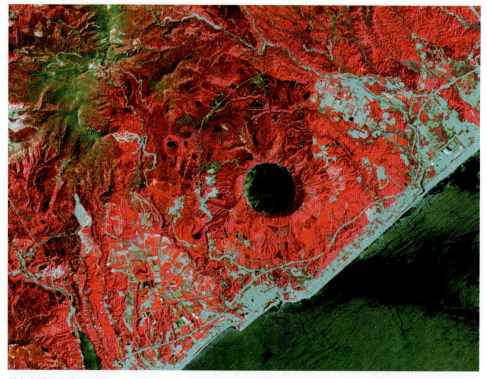

倶多楽湖の湖面まではかなりの深さだが、急峻な法面はほぼ植物に覆われていることが読み取れる。湖西直下の山麓に赤く表示されている中、濃いシアンで表示されている窪地が地獄谷である。橘湖の周辺域ではシアン域は見られず、広く植物に覆われていることが読み取れる。

08-246

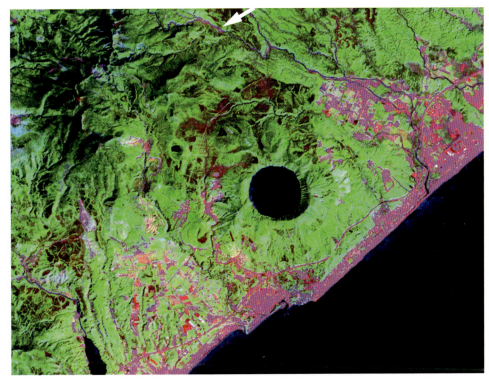

熱水の湧き出す地獄谷はべったりした濃い鮮やかなピンクで表示され、一目で熱の多いことが読み取れる。地獄谷北の三か所の谷間がピンクで表示されているが、いずれも地獄谷同様な光景であろうと推測できる。倶多楽湖の北山麓を流れる川では、流れに沿ってピンクが延びている(矢印のあたり)。温泉沢かもしれない。

08-457

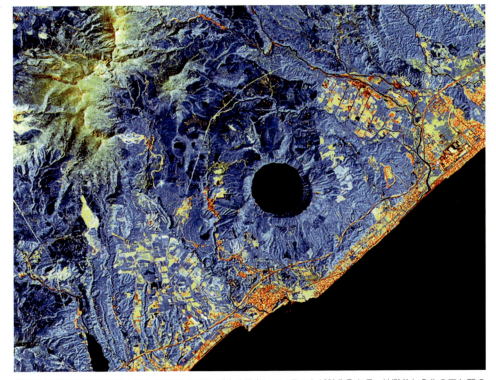

地獄谷は濃い茶褐色で表示され、火山性の岩石が広く露出していることが読み取れる。地獄谷から北の三か所の谷も淡い茶系のクリームであることから、谷は湯気に包まれているものと思われる。北山麓の温泉沢と思われた川は茶褐色で表示されていることから、河床には火山性の岩石が露出していると思われる。

恵山

618 m	北海道（渡島支庁）
ハザードマップ：整備済み	警戒レベル：1

亀田半島の突端部に位置する火山である。広義では亀田半島自身が内浦（噴火湾）の外輪山の一部である。小規模な火山ではあるが、火口原の中央火口内では噴気が激しく渦巻いている。将来的には、火口原に複数の火口が出現すると考えられている。

09-234

火口原（シアンで表示されている一帯）が不規則な形状であることから、恵山では中規模なマグマ水蒸気爆発が複数回発生したと考えられる。山腹のシアンの帯は、火砕流跡と思われる。

09-246

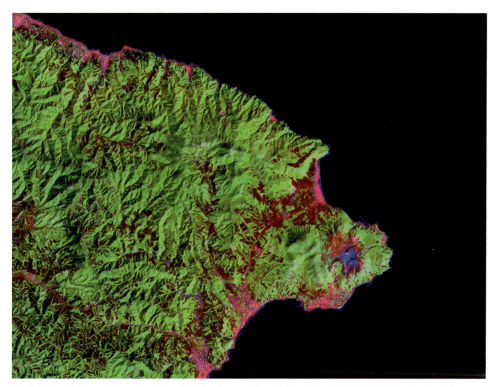

火口域が赤の混じった濃い水色で表示されていることから、火口内は激しく噴出する蒸気で覆われていることが読み取れる。北山麓のオレンジに近いピンク域は、溶岩流出域と思われる。濃い赤の地域が火口原の南に広がっていることから、噴火活動は海側に移動しているものと考えられる。

09-457

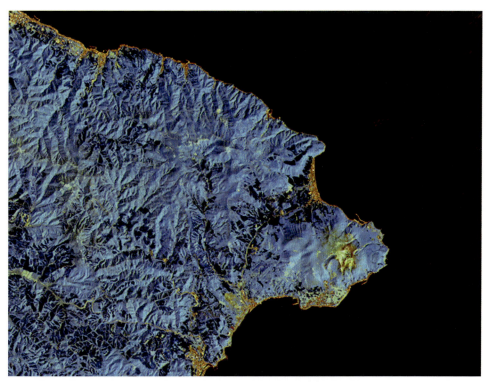

火口原の茶褐色は、中央火口を取り囲むように山の東から南にかけて広がっている。特に、南側と北側でざらつきが目立ち、比較的新しい時期に流出した溶岩で埋め尽くされていると思われる。

⑩ 岩木山（津軽富士）

1625 m	青森県
ハザードマップ：整備済み	警戒レベル：1

津軽平野の西に位置し、円錐形の優美な山容から津軽富士と呼ばれている。津軽地方のシンボルとして地元では、親しみを込めて「おいわきやま」と呼んでいる。山麓はリンゴ農園として切り開かれ、青森県最大のリンゴの産地になっている。山頂から西と北側では溶岩流の痕跡は残されているが、山頂から中腹まで深い侵食谷が走り新しい時期の火口跡は見られない。岩木山外周道路では南西山麓に山腹噴火で形成されたと思われる小さな火口丘が複数見られるが、かなり古い時期のものと考えられる。南山麓から西山麓にかけた温泉でも、湯量や湯温の変化は観測されていない。

10-234

中央火口丘が広く植物（赤は植生を示す）に覆われていることから、火山性ガスなどはないと思われる。西山腹のざらついた灰色を帯びた濃いシアンで表示された一帯（上の矢印）が最後に噴出した溶岩流跡か。南西山麓のシアン（地表の露出域、下の矢印）は新しく開拓された農地であろうが、土壌がむき出しのままで耕作には不向きのようだ。

10-246

火口原、中央火口丘、山腹には、火山性の熱はまったく見られない。西側山麓の山腹火山と考えられる小山周辺にも熱はなく、火山活動は停止していると考えられる。津軽平野に面した東山麓の深い緑に赤系のピンクで表示されている一帯は、火山性の岩石や土壌を雑草や低木の木々がうっすら覆っているためであろう。

10-457

濃い茶褐色域は、火口西側の溶岩流出跡に目立つ程度。北山腹はブルー（植生を示す）は少なく、広範囲に火山性の岩石が露出していることから崩落や土石流には注意が必要であろう。平野を望む山麓は侵食谷を含め淡いクリームに近い茶色であり、風化が進んでいると思われる。

⑪ 岩手山（南部富士）

2041m	岩手県
ハザードマップ：整備済み	警戒レベル：1

八幡平火山群にあって最大の火山。南部富士の愛称で親しまれている。火口原には旧火口と新火口が並立する火山である。火口原西にある旧火口はすでに活動を終え、火口は池のようになっている。新火口からは流出した溶岩（焼走り溶岩流）は山腹中央まで達し、山麓には細かな火山礫や火山灰がなだらかな丘陵地を作り出している。岩手山一帯では地熱が多く、北山麓の松川渓谷では80年代から地熱発電所が商業運転を始めている。西山麓を流れる葛根田川では河床や山肌から温泉が湧き出している。岩手山では、浅い（地下10km程度）場所を震源とする地震が度々観測されている。

11-234

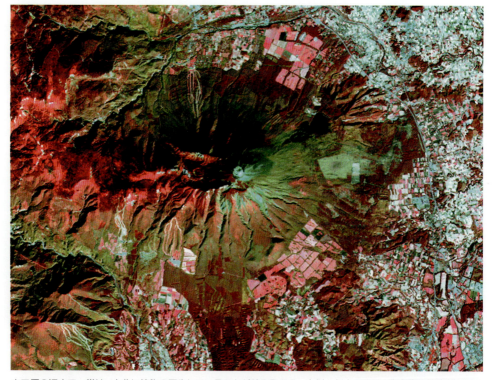

火口原の旧火口一帯は、十分に植物の再生していることが読み取れる。東側の新火口では、東山腹の溶岩域（焼走り溶岩流）が深みのある濃い青みを帯びたシアンで表示され新しい時期に流出したことがわかる。焼走り溶岩流の末端近く、山腹に黒く池のような表示がされている場所は土石流などに備えた土砂流出防止の貯留池であろう。

11-246

植生が復活している旧火口では、熱はほとんど見られない。新火口では火口直下から東山腹に赤に近いピンクが広がり、焼走り溶岩流が新しい時期に流出したことを物語っている。土砂流出防止用の貯留池一帯も濃い赤系のピンクであることから、溶岩流や火砕流に伴う土砂が相当量溜まっていると考えられる。

11-457

濃い茶褐色が新火口周辺に広がっている。火口内では火山岩や火山灰などが噴火口に蓋(ふた)をするように、中央がこんもりと盛り上がっている。土石流防止用の貯留池一帯がざらついた黒褐色で表示され、頻繁に崩落していることが読み取れる。

⑫ 秋田焼山 あきたやけやま

1366 m	秋田県
ハザードマップ：整備済み	警戒レベル：1

火山特有のくっきりした火口を持った火山ではなく、激しいマグマ水蒸気爆発に伴って大地が吹き飛んだ爆裂型の火山である。ゴツゴツした火口原では有毒な火山性ガスが噴出し、立入りが一部制限されている。山麓には八幡平温泉郷の中核を成す、後生掛や玉川などの温泉が点在している。医学的な証明はないが、玉川温泉では微弱な放射線（ガンマ線）を出す天然記念物の北投石を使った自然の岩盤浴ができることから、がんや内臓に病気をもった湯治客が多く見られる。10月中旬に観測したデータを使用。

12-234

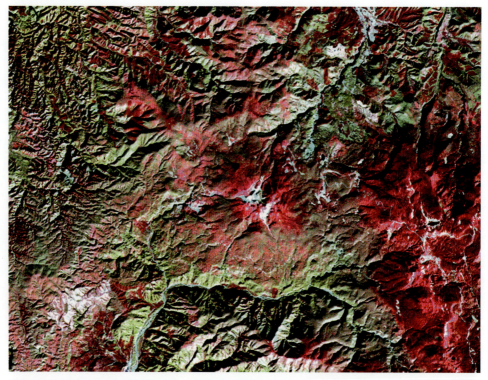

画像中央の紅系色（植生域）に囲まれ、ざらついたシアンで表示されている窪地が秋田焼山の火口原である。爆裂型のため、無造作に大地を掘った形になっている。活動中の火口は、明るいシアンの中、白く抜けている場所のすぐ南の黒く表示されている三角形の火口谷。

12-246

火口原では淡いシアンの中、熱の多い場所が3点あることが読み取れる。火口原南の三角形の火口谷一帯はくすみのある濃いシアンで表示されている（矢印の箇所）が、この画像では大気中に漂う霧、蒸気、湯気などの水から構成される物質が優先されている。

12-457

火山性岩石を示す茶褐色は、火口原、御所掛温泉、玉川温泉の3点に集中している。植生域はブルー系で表示されるが、八幡平一帯の濃いブルーに対して外輪山頂域を除いては秋田焼山の山麓は淡いブルーで表示されている。照葉樹や低木の木々に広く薄く覆われているせいと考えられる。

⑬ 秋田駒ヶ岳

1637 m	秋田・岩手両県
ハザードマップ：整備済み	警戒レベル：1

画像中央のクッキリとした楕円形の外輪に囲まれた平坦な広い火口原を持つ火山が、秋田駒ヶ岳である。画像右上を斜めに横切る谷川は、岩手山西山麓を流れる葛根田川。画像左下は日本一の透明度を持つ田沢湖。田沢温泉郷からも近く、火口原が平坦であることから中高年者の登山客が多くなっている。秋田駒ヶ岳に連なる乳頭山（1478 m）山麓には、白濁したお湯で知られる乳頭温泉郷がある。田沢湖には上流のトロコ温泉や硫化鉄鉱山（現在は閉山）などから温泉毒水（ヒ素や強酸性の温泉水）が流れ込み、魚や水草が育たず高い透明度が維持されている。秋田駒ヶ岳では時折、白い噴煙（多くは水蒸気）が見られる。

13-234

火口原が滑らかな淡い赤で表示され、低木の木々や草に広く覆われていることが読み取れる。中央火口丘の濃いシアンで表示されている山が秋田駒ヶ岳、その右上のザラついた灰色地のシアン域が現在の活動域。火口原の尾根には複数の噴火口跡が見られ、東西に列を成している（矢印のあたり）。

13-246

火口丘周辺域と外輪山東側周縁域が鮮やかな深紅で表示され、新しい時期に流出した溶岩などからの熱であることが読み取れる。火口丘と外輪山に挟まれた谷（水蒸気爆発の跡）は赤（熱が多い）で囲まれ、その中にシアンの場所がある。蒸気や湯気が噴出している地獄谷のような場所と思われる。乳頭温泉では、川沿いに熱の多い場所が集中している。

13-457

秋田駒ヶ岳外輪の濃い茶褐色は中央火口丘とは繋がっておらず、外輪を乗り越えるように山腹に突き出している。熱などの状況から考え合わせると、外輪に新たな火口ができたと考えられる。火口丘南の谷あいは白みを帯びたブルーがざらついた茶褐色の上に重なりあっていることから、爆裂谷では蒸気などが噴出していると考えられる。

⑭ 鳥海山

2230 m	秋田・山形両県
ハザードマップ：整備済み	警戒レベル：1

日本海に沿って南北に走る鳥海火山帯の中心火山が鳥海山である。秋田県男鹿半島の寒風山、青森県の岩木山など東北地方の日本海に面した火山が鳥海火山帯に属している。松尾芭蕉の句に詠まれた「陸の松島」象潟（きさかた）は、鳥海山の噴火活動で周辺海域が隆起したもの。鳥海山山頂には社が建立され、この地方の山岳信仰の中心地になっている。中腹までは道路が整備されている。海抜0mから急激に標高2000mまで立ち上る鳥海山は気象の変化が激しく、山頂域に雲のない日に観測されたデータを探すことは非常に難しい。7月中旬に観測されたデータを使用。

14-234

火口直下から深い赤（植生域）が盛り上がるように北山麓に広がり、大量の溶岩流出または大規模な崩落があったと考えられる。火口南側は輪郭がハッキリと残されている。火口から尾根沿いにシアンの帯を西に辿って行くと、沼を挟んで二つの小山がある。その形状から二つとも火山であろう。

14-246

山頂南の鮮やかなシアンの筋は、谷の残雪である。火口直下から東斜面にピンクが筋状に延びていることから、一帯でも溶岩流もしくは火砕流が発生していたものと考えられる。西山麓の森林や農地が深紅で表示され、水分を多く含んだ火山性土壌からできているものと考えられる。

14-457

大規模な山体崩壊、または大量の溶岩流出があったことは、火口北半分の輪郭の消失や山頂からの濃い茶褐色が山麓に近づくほど淡い茶色になっていることなどから読み取れる。北山麓に広がるざらついた淡いブルーの風合いや形状などから、植生の再生が山麓から山頂に向かって進んでいることが読み取れる。

⑮ 栗駒山

1688m	秋田・岩手・宮城三県
ハザードマップ：未整備	警戒レベル：1

2008年6月、栗駒山直下を震源とする岩手・宮城内陸地震では、南山麓で大規模な地盤の崩落や土石流が発生。駒の湯温泉では土石流によって施設が倒壊、利用客が犠牲になった。地震と噴火との関係は明確になっていないが、活動中の多く火山は山肌が粘り気のない火山礫(かざんれき)、軽石、火山灰などで覆われていることから、少しの揺れでも崩落や土石流が発生しやすい。2011年の東日本大震災以降、火山性微動が観測されるようになり観測体制が強化されている。栗駒山から南に連なる荒雄岳(984m)一帯には大量の地熱が存在し、地熱発電所が操業している。荒雄岳山腹の鬼首では、間欠泉が見られる。

15-234

火口原と山腹の植生に着目すると、活動の変遷や土石流の発生する地域が読み取れよう。火口原(濃いシアン域)では外輪の北半分がなく、火口原の全域で噴火を繰り返しながら成長してきたことが読み取れる。黄緑色にシアンを混ぜたような色は南山腹に広がり、崩落や土砂流の発生しやすいことが読み取れよう。

15-246

火口原の東域、かつての火口原とは深い谷を挟んで濃い赤み帯びたピンクで盛り上げている一帯が、現在の中央火口丘であろう。この火口丘左下の小さな火口は輪郭を保ち熱も周囲より多く、噴火があったと考えられる。南山腹では白色をバックにピンクが広がっていることから、活動は南東に移動しつつあると考えられる。

15-457

火口原の盛り上がった濃い茶褐色は溶岩塊であろうが、火口丘南直下のザラついた茶褐色の谷あいには新しい火口が点在している。小さな尾根を挟んだ外輪東側では南東に茶褐色が張り出し、外輪内側は濃い黒褐色(新しく噴出した溶岩など)で表示されている。上の15-246と考え合わせると、活動は南東で活発化すると考えられる。

第Ⅰ部　活火山

⑯ 蔵王山

熊野岳 1840 m	山形・宮城両県
ハザードマップ：整備済み	警戒レベル：1

山形県と宮城県の県境にそびえる熊野岳（1840 m）、刈田岳(かつただけ)(1758 m)、名号峰(1491 m)など御釜を取り巻く外輪の総称が蔵王山である。樹氷で知られるスキーのメッカ、蔵王は熊野岳から地蔵岳にかけた山形県側の西山麓。蔵王の中央火口丘、御釜がある宮城県側の五色岳域である。御釜は五色岳のマグマ水蒸気爆発で出現した爆裂湖。五色岳東のゴツゴツした火口原には多くの噴気口が点在し、有毒な火山性ガスが噴出している。2013年頃から火山性微動を観測、御釜湖面が白く変色したことから観測体制が強化されている。

16-234

濃いシアン域の中、丸い御釜の深いブルーに凄みを感じる。御釜南の刈田岳山腹に淡いシアンでウネウネと走る筋が、山形県と宮城県を結ぶ蔵王エコーラインである。御釜の右にシアンで小高く表示されている場所が中央火口丘の五色岳である。

16-246

爆裂湖である御釜には常時、水が流れ込み深い緑色をしている。御釜の東、五色岳の火口原が最も熱の多いことを示す鮮やかな濃い赤で表示されている。この地域が蔵王噴火の中心域。熊野岳山頂直下の北の谷には赤い帯が延び、観察が必要であろう。

16-457

御釜を取り囲むように湖岸南から五色岳の火口原にかけた北東域に濃い茶褐色が集中し、噴火活動の中心がこの一帯にあることが読み取れる。熊野岳山頂直下北側の谷で濃い茶褐色が一部に見られるが、上の16-246の画像と考え合わせると蒸気が噴出する地獄谷のような場所と考えられる。

第Ⅰ部　活火山

㊄ 吾妻山

一切経山 1949 m	福島・山形両県
ハザードマップ：整備済み	警戒レベル：2

吾妻山は、西吾妻山（2035m）、中吾妻山（1931m）、一切経山（1949m）、東吾妻山（1975m）、蓬莱山（1802m）、吾妻小富士（1707m）などから構成され、吾妻連山と呼ばれている。奥羽山脈を南北に貫く那須火山帯中、最大の火山塊である。画像中央のくっきりした輪郭を持つ火山が吾妻小富士である。吾妻小富士の西からは火山性ガスが噴出する荒涼とした火山平原、浄土平が広がっている。1950年、浄土平東端の一切経山が噴火活動を再開。現在も噴煙を上げている。2014年10月頃から吾妻連山では火山性地震が多発。12月12日、気象庁は警戒レベルを2に引き上げて観測を強化させた。10月下旬のデータを使用。

17-234

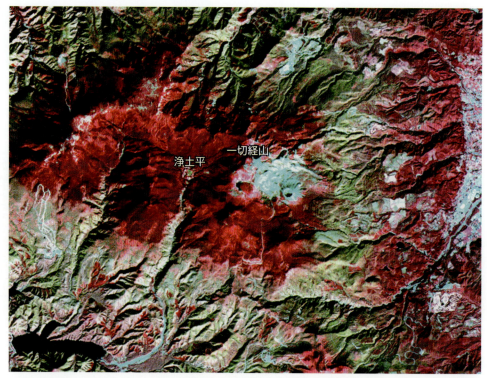

丸い火口の輪郭を維持した吾妻小富士から西側の鮮やかなシアンで表示されている地域が浄土平。火山性ガスが噴出しているため、立入りは禁止されている。吾妻小富士に向かって赤色（植生域）の山麓を鍵のような形で走る白い筋は、磐梯吾妻スカイライン。一切経山と中吾妻山の中間の平坦な場所は、吾妻連山の登山口になっている谷地平。

17-246

一切経山周辺域にピンクが集中している。吾妻小富士では、火口南側の谷と東山腹に熱の多い場所が見られる。火山性の熱は、一切経山から東側に向かって延びている。観測が強化された吾妻山とは、一切経山から東吾妻山にかけた浄土平一帯を指していると思われる。中吾妻山では、火山性の熱現象はまったく見られない。

17-457

ブルーの表示は、植物に覆われている地域である。新しい火山性噴出物を示す濃い茶褐色は、一切経山の火口周辺と吾妻小富士の火口南から東側にかけた山腹に集中している。画像中央上の茶褐色（矢印のあたり）はゴツゴツした溶岩など火山岩が広範囲に露出し、岩の隙間から温泉が湧き出している姥湯。

⑱ 安達太良山 あだたらやま

1700ｍ	福島県
ハザードマップ：整備済み	警戒レベル：1

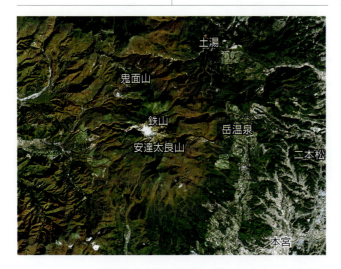

安達太良山は、高村光太郎の詩集『智恵子抄』で一般にも広く知られるようになった。なで肩の女性的な山のため別名、乳首山と呼ばれている。山腹が緩やかなため、ハイキング感覚で登山が楽しめる。しかし安達太良山の火口、安達太良山に連なる鬼面山、鉄山では、火山性ガスや熱蒸気が活発に噴出している。安達太良山麓には福島県を代表する温泉リゾート地、岳温泉を筆頭に鷲倉、野地、横向、沼尻など温泉地が点在している。岳温泉の源泉は、鉄山の山腹にある。沼ノ平には大小の火口が集まる沼ノ平火口原が広がっている。

18-234

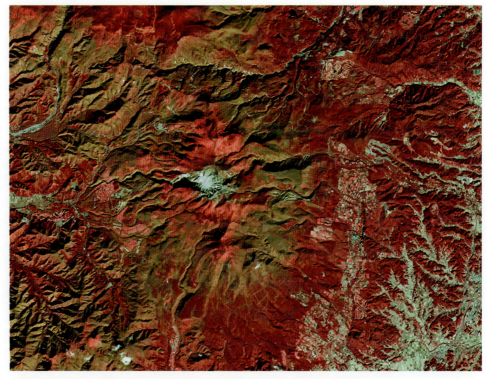

中央に大きくシアンで表示されている一帯が、安達太良山の火口域である。女性的な山であるが、火口域は荒々しい。火口一帯のシアンの中、白く表示されている場所では、熱蒸気が渦巻きながら激しく噴出している。鷲倉温泉に近い鬼面山北山腹の赤（植生域）の中、シアンで表示されている場所では蒸気が噴出している。

18-246

安達太良山火口内（鮮やかな明るいピンクで盛り上がっている一帯）は、周辺と比較して相当量の熱があると思われる。火口を取り囲むように火口内斜面が濃いシアンで表示されている場所は、熱で変成した粘土、蒸気の水で岩石や土壌が湿っていることを意味する。画像右上、濃い赤系のピンクの場所（矢印）が土湯温泉の源泉域。

18-457

火山性の新しい噴出物は黒褐色から茶褐色で表示されるが、黒の混じった濃い茶褐色は安達太良山火口とその周辺に集中している。上の18-246画像で鮮やかなピンクで盛り上がっている火口内はピンクの混じった肌色であることから、新しい時期に噴出した溶岩が蓋のように火口を覆っていると思われる。

⑲ 磐梯山

1819 m	福島県
ハザードマップ：整備済み	警戒レベル：1

山頂域がゴツゴツしている山が磐梯山。磐梯山は、最高峰の磐梯山（1819 m）、櫛ヶ峰（1636 m）、赤埴山（1430 m）の三峰から構成されている。磐梯山は、1888年（明治21年）のマグマ水蒸気爆発で大規模な山体崩壊が発生。12億立方メートルもの土砂が流出して、山麓の村落は埋没し477余名が犠牲になっている。桧原、小野川、秋元の裏磐梯三湖、さらには五色沼を含む無数の湖沼が、この崩壊で形成された。磐梯山西側は、雄国沼を中心とした雄国高原。ここは、猫魔ヶ岳（1404 m）、古城ヶ峰、厩岳山、雄国山などの外輪に囲まれたカルデラである。山腹には多くのスキー場が開設されている。10月中旬に観測されたデータを使用。

19-234

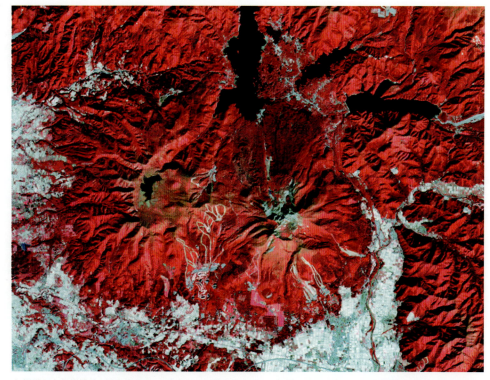

大規模な山体崩壊は、植生（赤色域）の分布からも読み取れよう。磐梯山北から北東山麓の裏磐梯三湖まではざらついた赤で表示され、その中に無数の湖沼が点在している。ざらついた赤は、ゴツゴツした地表が雑多な植物で覆われている証しである。雄国高原はうっすらとした淡い赤であり、草地が広がっていると思われる。

19-246

磐梯山と櫛ヶ峰に囲まれた火口丘一帯が赤に近いピンクで表示され、この一帯に火山性の熱が集中していることが読み取れる。二つの火口は、くっきりとした輪郭を保っている。山頂直下の北山腹の濃い青（ブルー）域では、蒸気や湯気が立ち込めていると思われる。雄国沼南岸の明るいオレンジ域は、露出する火山性の岩石や土壌のせいか。

19-457

磐梯山北山腹から裏磐梯にかけた崩壊跡の濃いブルー（ブルーは植生）と周辺のブルーとは、肌理が大きく異なる。植生の違いである。溶岩が露出している濃い茶褐色は、山頂西側と火口から北側の谷に集中している。雄国沼南岸は淡いクリームであり、ススキなどの湿原の植物が火山性の岩石や土壌を薄く覆っているようだ。

⑳ 那須岳（茶臼岳）

1917 m	栃木県
ハザードマップ：整備済み	警戒レベル：1

東日本を縦断する那須火山帯の南端域の火山。今も噴煙（主に水蒸気）を上げ続ける那須岳、三本槍（1917m）、朝日岳（1896m）、隠居倉（1819m）、鬼面山（1606m）などの山々から構成される火山群。那須岳は火口の形がお茶を引く茶臼に似ていることから、茶臼岳と呼ばれている。那須岳にはロープウェイが整備され、ハイキング感覚で登山できる。ロープウェイ登山口から10分ほど登ると、湯気の立つ青みを帯びた粘土の斜面に石英ガラス片が散らばっている。山頂近くの尾根では約70℃の蒸気で、岩石が茶褐色に変色している。噴煙が上がる火口は那須岳山頂西に広がる。山麓には高原リゾート施設が開発されている。

20-234

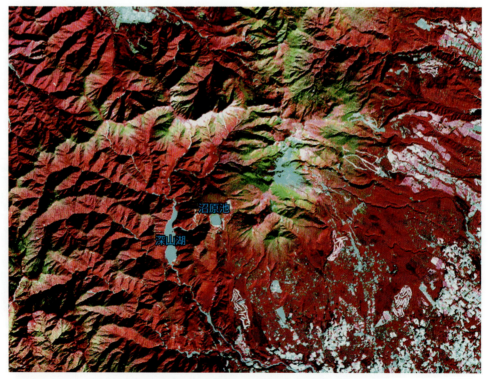

中央のざらついたシアンが那須火山群。朝日岳、鬼面山、三本槍などからなる縦列火山であることが読み取れる。西山麓のべったりしたシアンは、沼原池（発電用の人造湖）、その西が深山湖である。深山湖から那珂川の源流をさらに上がると、白湯山と刻まれた石灯籠の残る会津中街道の三斗小屋宿跡に出合う。

20-246

那須火山群では山頂西の火口原以上に、火山列の東山腹や那須岳の南山腹に熱域が集中している。両地域には渓谷や河床から温泉が湧き出し、川の温泉として知られている。噴煙を上げ続ける山頂西の火口原や北尾根が明るいブルーで表示されているのは、噴出する蒸気のせいであると考えられる。

20-457

那須高原では深いブルー（原生林や自然の森林）はわずかに点在するだけで、大半は淡い茶色地（火山性土壌）に薄いブルー（低木の木々や草地）が広く覆っている。火山性の岩石を示す濃い茶褐色は、那須岳から朝日岳の尾根、奥那須温泉郷のある東山腹に集中している。火口原を含めても、濃い黒褐色は見られない。

日光白根山

2578m	栃木・群馬両県
ハザードマップ：未整備	警戒レベル：1

画像右下は中禅寺湖、中禅寺湖の上でクッキリした火口の輪郭を持つ火山が男体山（2017/3/13に活火山認定の報道）。男体山、女峰山、太郎山、真名子山などの日光連山は、数万年前まで噴火活動が続いていた。衛星写真からも乾燥化が進む戦場ヶ原には、男体山からの土石流で造られたと思われるなだらかな丘陵が読み取れる。日光白根山は、前白根山（2370m）、五色山（2379m）などからなる火山群。火山群中央には、五色沼がある。2012年以後、日光白根山から帝釈山（2060m）にかけた山岳地では、火山性微動や局地的な地震が観測されている。7月上旬に観測されたデータを使用。

21-234

深紅（植生域）に囲まれた中、日光白根山の濃いシアンとクッキリとした火口からこの山が活動中であることが読み取れる。山麓西側のシアンのうねった筋はスキー場。日光白根山の南から西山腹にかけては溶岩流のような痕跡が見られる。戦場ヶ原のシアン域は道路西側まで広がり、乾燥化は拡大しているようだ。

21-246

火山性の熱ばかりでなく、露出域からの放射熱もピンクで画像化される。湯ノ湖北域は、源泉やリゾート施設からの人工的な熱が混在して濃いピンクで表示されている。日光白根山では火口の南山腹や谷は鮮やかなピンクだが、火口西の谷あいは濃いブルーで表示されていることから蒸気が噴出していると考えられる。

21-457

濃い茶褐色は、日光白根山の火口西半分に目立つ。新しい時期に流出した溶岩などを示す濃い黒褐色域は、日光白根山を含めて五色沼を取り巻く山々にも見られない。男体山から真北の太郎山 (2368m) では山肌に茶褐色の筋が多数走り、土石流でできたと思われるこんもりした丘陵地が戦場ヶ原側の山麓にできている。

㉒ 草津白根山

2165ｍ	群馬県
ハザードマップ：整備済み	警戒レベル：2

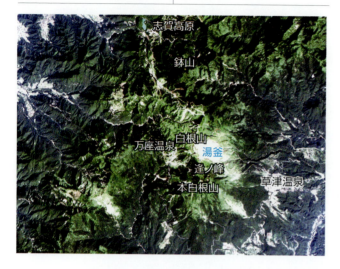

山麓には登別、別府と並んで日本三大温泉に挙げられる草津温泉がある。画像中央の湯釜（衛星写真では黄白色で表示）は、マグマ水蒸気爆発後、大量の溶岩を流出させた爆裂湖である。草津白根山は単独の火山ではなく、白根山（2138ｍ）、逢ノ峰（2110ｍ）、本白根山（2165ｍ）などから形成される火山列。火山列には、湯釜の周辺域を含めて大小の噴火口や爆裂湖が口を開いている。万座温泉南東の本白根山では2014年4月頃から火山性の地震が度々観測され、警戒レベルが引き上げられた。注意が必要な火山である。

22-234

衛星写真で黄白色に輝く湯釜では、ゴツゴツした溶岩が露出する一帯は明るいシアンで表示され、水の溜まる丸い湯釜はべったりした濃いシアンで表示されている。湯釜の南、ザラザラした赤（植生）にシアンで丸い火口が複数読み取れる。山頂を挟むように東西の山腹にシアンが切り込んでいる山が本白根山。

22-246

草津山麓では、70年代まで硫黄鉱山が操業していた。温泉街の盛り上がるようなピンクは、湯畑などからの温泉熱の影響か。温泉滝や温泉沢が見られる湯釜周辺、本白根山の東側の谷、小さな火口群、万座温泉一帯に火山性の熱が集中している。湯釜の北、志賀高原の鉢山周辺では、赤に深緑色が混ざり広範囲に盛り上がっている。

22-457

湯釜周辺は明るい茶色であることから、新たに流出した溶岩はないと思われる。ややくすんだ茶褐色が本白根山の西側の谷に見られるが、新しい溶岩ではないと思われる。本白根山の西から北にかけた谷や沢では、温泉や蒸気が噴出している。深い森林に覆われているが、鉢山一帯は火山活動で隆起したと考えられる。

㉓ 浅間山

2560 m	群馬・長野両県
ハザードマップ：整備済み	警戒レベル：2

浅間山は、ほぼ10年間隔で活動を活発化する傾向がある。2002年の噴火では北東方向に火山灰が流れ、高原野菜に甚大な被害が発生した。1783年の天明噴火では北から東にかけた山麓に大量の溶岩を流出し、死者は1500余名を数えた。天明の大飢饉の一因と考えられている。北山麓の観光スポット、鬼押出し園は天明噴火の溶岩流跡。浅間山の東山腹にコブのように突き出す小浅間山（1655m）も、活動中の火山と見なされる。2014年10月頃から火山性地震が観測され、二酸化硫黄の排出量が増加したため2015年6月11日に警戒レベル2に引き上げられる。2002年の噴火後に観測されたデータを使用。

23-234

浅間山が外輪山を持った複式火山であることが読み取れる。噴煙を上げているのは、中央火口丘の火口のみである。中央火口丘から青み帯びたシアン域（溶岩流跡）が北から東に広がっている様子が読み取れよう。小浅間山でも山頂域がシアンで表示され、噴火があったと考えられる。

23-246

浅間山一帯の深紅のピンクは、軽井沢や小諸市街の淡いピンク（人工的な熱）とは大きく違うことが読み取れよう。北から東山麓の赤地に深緑色で表示されている流れが、天明噴火の溶岩流出域。浅間山の東山麓では溶岩流が小浅間山に遮られ、小浅間山の北山麓を回り込んで浅間牧場まで達していることが読み取れる。

23-457

浅間山の火口原全域が濃い茶褐色であり、新しい噴出物で覆われていることが読み取れる。浅間山麓の北から東山麓の茶褐地にブルーで表示されている地域も、天明噴火の溶岩流出域である。浅間北山麓は北軽井沢と呼ばれ、別荘地として開発されている。ガス噴出に伴う崩落跡か、外輪の南縁の山腹が深くえぐりとられている（矢印）。

第I部 活火山

㉔ 三原山（伊豆大島）

758ｍ	伊豆大島、東京都
ハザードマップ：整備済み	警戒レベル：1

三原山は、ほぼ30年周期で噴火を繰り返している。1951年の噴火では、登山客1名が犠牲になっている。1986年の大規模な割れ目噴火では溶岩が大量に流出し、レベル5が発令されて全島民が島外に避難した。三原山の噴火の特徴は割れ目噴火のため、島の3分の1を占める広大な火口原のどこで噴火するかを予測できないことだ。さらに流出する溶岩は粘り気のないサラサラした溶岩のため、流出域が広範囲に及ぶ。

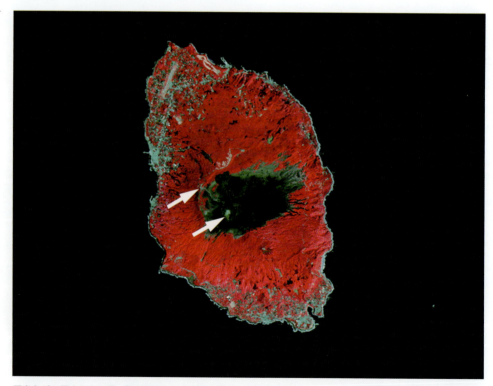

24-234

灰青色が三原山の火口原。黒く表示されている地域が、1986年の噴火で流出した溶岩域。火口原中央西側の濃いシアンの丸い窪地（下の矢印のあたり）が、三原新山の火口。火口原北側の外輪外側にも山腹を割くようにシアンが盛り上がっている（上の矢印）。これも1986年の噴火の溶岩と思われる。

24-246

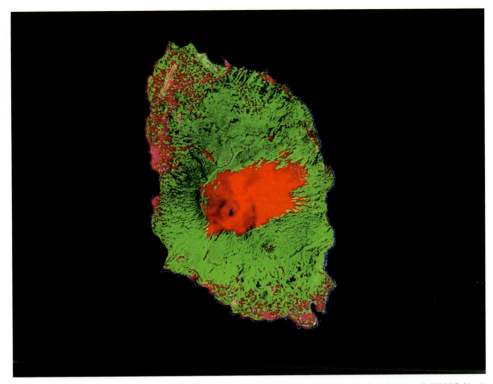

濃い深紅で盛り上がった三原新山の火口を中心に濃い赤(熱の多い)が広がっている。島の東では、海岸線近くにまで達している。三原新山の火口縁東、尾根のような盛り上がりが割れ目噴火の火口列と考えられる。外輪北では深紅の帯が島の中心街、元町にまで達していることが読み取れる。

24-457

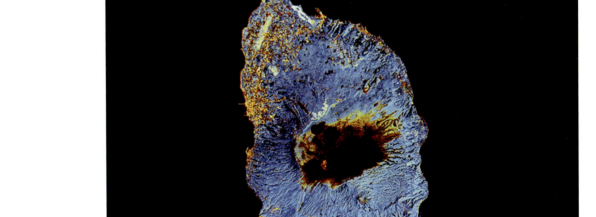

濃い黒褐色域が、1986年の噴火で流出した溶岩。それ以前の溶岩域は、火口原東端に見られる淡い茶褐色や黄土色。火口原北の外輪には、相当量の溶岩の波が打ち寄せたことが読み取れる。1986年の割れ目噴火では、外輪を越えた山腹にも割れ目ができた。元町まで延びる北山腹の溶岩流跡は、そのときの割れ目から流出したと思われる。

㉕ 新島

—	東京都
ハザードマップ：未整備	警戒レベル：1

伊豆大島と三宅島の中間地に位置する新島は、海底火山で隆起した岩礁と考えられる。式根島は24時間体制で監視されている火山ではないが、周辺の海域では海底から熱水が湧出している。

18×18 km
新島
式根島

25-234

新島、式根島の両島ともに、海岸に多くの岩礁が見られる。火山島は海底から急峻に立ち上がるため、海岸で岩礁を見ることはない。新島では島の北端と南端にだけ盛り上がった地形が見られるが、火口原や火口と思われるような場所は読み取れない。式根島でも、火口などの痕跡はまったく見られない。

25-246

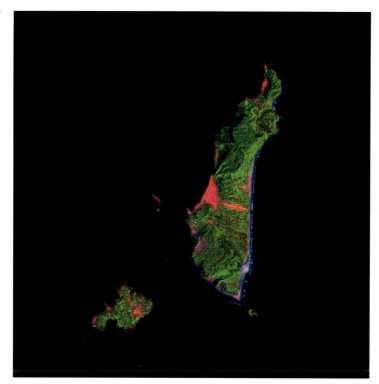

新島北域の東側、海岸に突き出すこんもりした小山の麓にできた谷が、深緑にピンクを染み込ませたような色で表示されている。火口原であろうと思われるが、断定はできない。新島北端の鍵爪のような半島内側と式根島南の岩礁域では、海に張り出す形で熱現象が見られる。

25-457

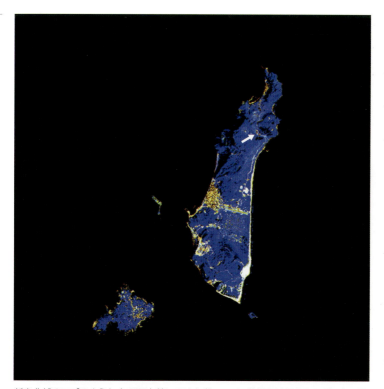

新島北域のコブのような山の西山麓にできた谷（矢印）に茶褐色は見られるが、火口原とは断定できない。しかし鍵爪の形をした半島が火山性の岩石（黒褐色から明るい褐色）からできていることは読み取れる。

㉖ 神津島 こうづしま

天上山 572 m	東京都
ハザードマップ：未整備	警戒レベル：1

新島からは南に約20km、三宅島からは西に約30kmに位置する天上山（標高572m）を中心とする火山島。画像左下の細長く表示されている島列（岩礁）は恩馳島（おんばせじま）。周辺海域では、海底火山に伴う海の変色が度々観測されている。

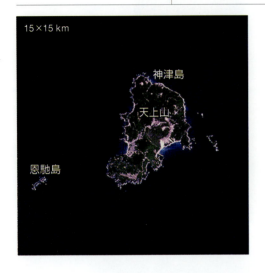

15×15 km

26-234

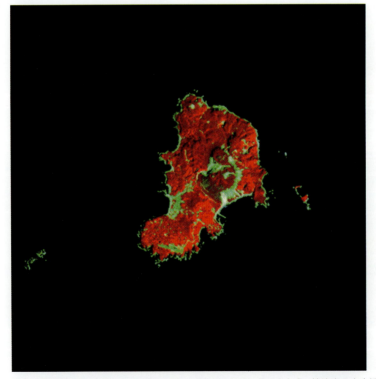

天上山頂西側の谷がざらついた濃いシアンで表示されていることから、神津島の火山活動の中心はこの一帯であろう。谷の西側には、溶岩台地のような地形が広がっている。島北端で丸く盛り上がっている小山は、山の形や山頂が淡いシアンで表示されていることから火山と考えられる。

26-246

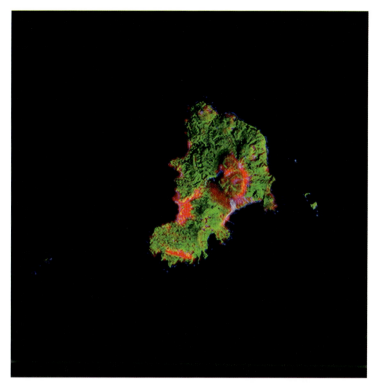

島南端のべったりした細長い赤系のピンクは、滑走路ような人工構造物からの熱と思われる。火山性の熱は、天上山を取り巻くように分布している。山頂西側の谷(濃い水色で表示)は、地獄谷のような場所か。北端の小山でも熱現象は見られるが、天上山ほどではない。恩馳島でも熱現象が見られる。

26-457

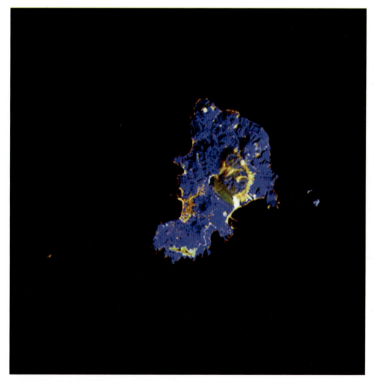

溶岩などの火山性噴出物は、黒褐色や茶褐色、明るい茶系色で表示される。洋上の恩馳島はハッキリした濃い茶褐色で表示され、一帯が海底火山の活動で隆起したことが読み取れる。天上山では山腹の南側から西側の谷にかけた地域に濃い茶褐色が集中し、一帯が火山活動の中心になっていることが読み取れる。

㉗ 雄山（三宅島）

814 m	三宅島、東京都
ハザードマップ：整備済み	警戒レベル：1

初めて衛星画像を使って火山を読み解く方には、最適な事例。噴火前と噴火中の火山を比較することで噴火に伴う溶岩流や火砕流、火山性の熱現象、古い噴出物域と新しい噴出物の違いを画像から読み取れるようになる。ここでは雄山噴火前の1999年に観測されたデータと全島民が避難中の2002年（噴火の最中）に観測されたデータの二つを使い、噴火前と噴火中の火山を読み解く。雄山の噴火ではレベル5が発令され、全島民は2000年7月から5年間島外での生活を余儀なくされた。硫化水素ガスや亜硫酸ガスは噴出しているが、噴火活動が沈静化しつつあるため2015年6月5日に警戒レベル1に引き下げられた。

27-234

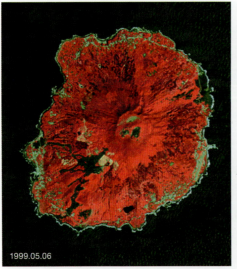

シアン系は地表の露出域、赤系色は植生域（地表が植物に覆われている）を表している。2000年からの噴火では、島の半分以上が噴出物で覆われたことが読み取れる。このときの噴火口は、中央火口原に三つある火口のうち、東側の火口だけで噴火したことが読み取れよう。

27-246

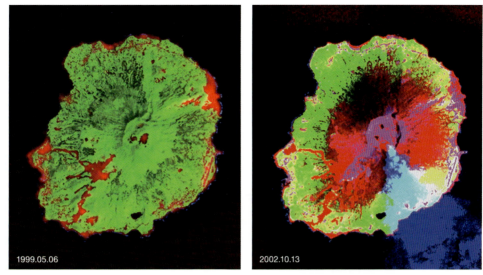

三つある火口のうち、噴火中の火口だけが赤黒くなっている。噴火中の火口原から南西の山腹では、古い噴火時期の噴出物を鮮やかなピンクが覆い被さっている。火口原の東山麓では、鮮やかで滑らかなピンクの帯が海岸の集落にまで達している。熱分布だけを見る限り、2000年の噴火では島の8割が影響を受けたと思われる。

27-457

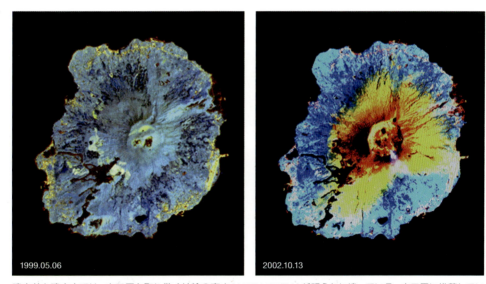

噴火前と噴火中では、火口原を取り巻く外輪の高さ（火口原までの深さ）が明らかに違っている。火口原に堆積していた過去の噴出物は、真っ先に吹き飛び本来の火口原が現れたためであろう。外輪が南から西側にかけて大きく崩れ、新たな溶岩流や火砕流が広がって行く様子が読み取れよう。

富士山

3776m	山梨・静岡両県
ハザードマップ：整備済み	警戒レベル：1

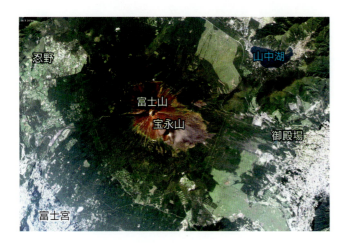

優美な富士山は、万葉の昔から日本のシンボルになっている。2013年にはユネスコの世界文化遺産に登録されている。富士山は、大小の火山群（古富士と呼ばれる）を覆い隠すように成長してきた火山。山麓に点在する風穴や氷穴は、溶岩チューブ（地下の溶岩流の通り道）である。864年（貞観大噴火）の噴火では、山腹の無数の火口丘から溶岩が流出し、本栖湖、西湖、精進湖、青木ヶ原樹海などが形成された。1707年の宝永噴火は宝永南海大地震48日後に発生。噴火後の土石流で壊滅的な打撃を受けた小田原藩は、領地を幕府に返納している。2011年の東日本大地震直後にM6の地震を観測。10月初旬に観測したデータを使用。

30-234

広大な裾野は、自衛隊の実弾演習場にも利用されている。山中湖側のうすい赤域は北富士演習場、山麓南東に広がる赤域が東富士演習場である。山麓を横切る直線は、高圧電線である。青みを帯びた富士山頂から西山腹に谷が開け、山麓の土砂貯留地にまで続いていることが読み取れよう。宝永噴火の火口は、山頂南の青みの少しうすい窪地。

30-246

富士山火口跡の西半分ほどがべったりした鮮やかなブルーで表示され、雪の降ったことが想像される。山腹の無数の火口丘には熱はまったく見られず、宝永噴火の火口がある南東山腹から高圧電線が走る山麓に向かって深紅が大きく広がっている。

30-457

濃い黒褐色から茶褐色が比較的新しい時期の火山性噴出物が露出している地域である。宝永噴火で噴出したと思われる溶岩や噴石は小高い丘陵を作り、富士山の兄弟山に思える。富士山の噴火で流出したと思われる噴出物（山肌に盛り上がる黒褐色）が山腹東側に見られる。富士山ではこれからも宝永噴火と同じような山腹噴火が考えられる。

㉛ 箱根山（神山）

1438 m	神奈川・静岡県
ハザードマップ：整備済み	警戒レベル：1

首都圏からも近く、年間を通して多くの行楽客が訪れる首都圏最大の温泉観光地。芦ノ湖を含む箱根カルデラの中央火口丘は神山、駒ヶ岳、早雲山などの火山から形成され、湯気や蒸気が激しく噴出している大涌谷はマグマ水蒸気爆発で作られた爆裂谷である。2013年3月頃から大涌谷周辺で火山性地震が多発。2015年6月30日には噴石を伴う小規模な噴火が確認され、警戒レベル3（大涌谷から半径1km以内への立入り禁止と圏内の住民避難指示）が発令される。2015年9月11日にはレベル2に、同年11月20日には大涌谷周辺の半径500m以内への立入り禁止区域を維持したままレベル1に引き下げられる。

31-234

芦ノ湖西側の外輪山の鮮やかな赤（植生域）と中央火口丘を見比べると、火口丘では一部を残して茶色に近い淡い赤である。これは中央火口丘では火山の山肌をうっすらと木々が覆っているためである。火口丘中央の神山から早雲山にかけて山腹が深くえぐりとられている場所が大涌谷である。

31-246

芦ノ湖から東に向かって三本の地下水脈が確認されている。中央火口丘の下を流れる水脈は、火山の熱でお湯となって山麓の強羅、小涌谷、宮ノ下などの源泉になっている。大涌谷一帯の谷間は濃い赤系のピンクで表示されるべきだが、湯気や蒸気の影響からか明るい青色である。火口丘北端の三角形の赤域は、山肌を人工的に削りとったせいであろう。

31-457

中央火口丘で茶褐色が目立つのは神山から早雲山、大涌谷の一帯である。濃い黒褐色は見られず、新しい時期に噴出した溶岩などはないと思われる。火口丘北の台ヶ岳山腹の明るい茶黄色は、火山性岩石の山肌を人工的に剥ぎ取ったためであろう。

32 伊豆東部火山

大室山 580 m	静岡県
ハザードマップ：整備済み	警戒レベル：1

中央のプリンのような形の山が、大室山（580m）。伊豆東部火山は、大室山、遠笠山（1197m）、天城山（1406m）などの陸上域の火山と半島東部沖の海底火山を含んだ火山群である。伊豆半島東部沖では海底火山の噴火に伴う海面の変色が度々見られる。群発地震も度々観測されている。フィリピン海プレートに乗る伊豆半島は、東日本の乗る北米プレートに衝突して毎年数センチ単位で隆起している。2014年7月頃からは、伊豆半島東方海域で火山性地震が多発し観測が強化されつつある。

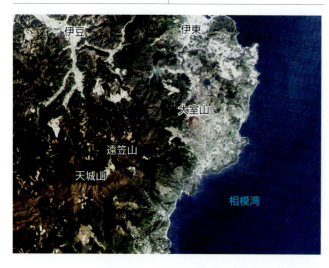

32-234

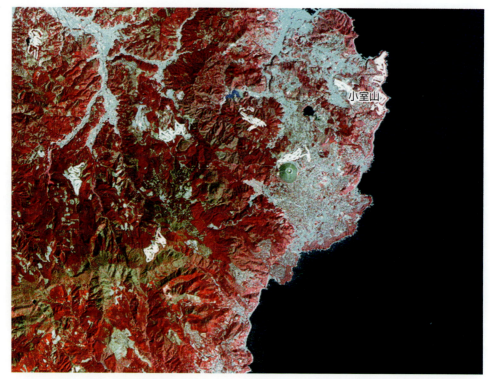

プリンのような大室山一帯の伊豆高原は、別荘地として開発が進められてきた。大室山から北東の海岸線近くに小さいプリン型の山がある。これが小室山（321m）である。小室山は山の東半分が淡い赤で表示され、植物の再生が進んでいるようだ。大室山、小室山ともに玄武岩質の火山であることから、かつては海底火山であったと思われる。

32-246

市街地や旅館などからの人工的な熱は、淡いピンクで表示される。その中、深紅に染まった大室山は異常なほど目立つ。真っ黒な玄武岩が露出する大室山では放射熱も多く、火山性の熱とは断定できない。画像右の海岸線から海に張り出している淡いピンクは、北川や熱川温泉の源泉域であろう。伊豆半島東部の温泉では、海岸に近いほど湯温が高くなる。

32-457

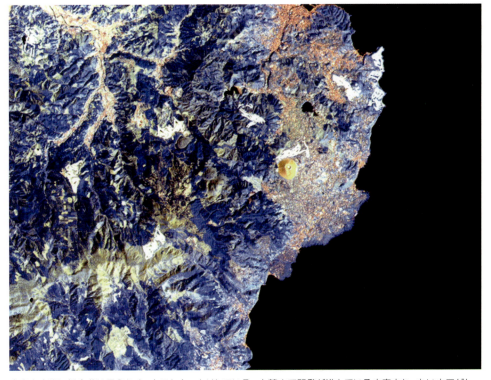

大室山山腹に侵食谷は見られず、火口もクッキリしている。山麓まで開発が進んでいる小室山も、丸い火口がしっかりしている。これらのことから一帯が隆起したのは、3、4万年前と思われる。遠笠山一帯はベージュに近い淡い茶色であることから、火山性の噴出物が広く覆っているものと考えられる。

新潟焼山

2400 m	新潟・長野両県
ハザードマップ：整備済み	警戒レベル：1

1990年代半ばから噴火活動を再開。火山観測センターは噴石で破壊され、2003年頃まで入山規制が実施されていた。新潟焼山は長野と新潟両県の県境を成す雨飾山（1963m）、火打山（2462m）、妙高山（2462m）、黒姫山（2053m）などと北信越火山群を形成。画像右の外輪山に囲まれた火山が妙高山、中央の小さいながらもくっきりとした火口を持つ山が、新潟焼山である。溶岩や火山礫（かざんれき）などの噴出物が、牛の舌のように長く延びている。新潟焼山の東、焼山と尾根で繋がる火打山では山頂直下から北斜面が大きく崩落している。新潟焼山では、2016年5月6日に小規模噴火を観測。11月初旬に観測したデータを使用。

33-234

妙高山では山頂を除いて、内・外輪山ともに広く植物（赤色で表示）に覆われていることが読み取れる。また、画像中央の新潟焼山では火口一帯が濃いシアンでざらついて表示されており、大きな岩がゴロゴロしていることがわかる。さらに、山麓の谷を埋め尽くした溶岩や土石は、火打山からの土砂と合流していることが読み取れる。

33-246

新潟焼山の火口域や火打山の尾根には、積雪（濃いシアン）が見られる。活動中の新潟焼山の火口域は濃い赤もしくは赤に近いピンクで表示される筈だが、雪が影響しているようだ。牛の舌のように延びた噴出物の流れに火山性の熱は見られない。上部のどんよりした赤で表示された一帯は、この地にある温泉の源泉域と考えられる。

33-457

新潟焼山の火口周辺のみが濃い茶褐色で表示され、新しい時期の溶岩などの噴出物が露出していると思われる。新潟焼山からの噴出物の流れは火打山からの土砂と合流し、山麓に下るほどテラス（階段状）の茶褐色が薄くなり、先端域では植物に広く覆われていることが読み取れる。

㉞ 焼岳・上高地

2455m	長野・岐阜両県
ハザードマップ：整備済み	警戒レベル：1

梓川の清流に緑の森、その背後にそびえる穂高の峰々。上高地の中心地、河童橋からの眺望に毎年300万人にも来訪者が心を洗われている。そんな日本を代表する山岳景勝地、上高地の玄関口に位置する活動中の焼岳は、1915年（大正4年）の噴火で大量に流出した土砂が梓川をせき止め、大正池を造った。1963年の噴火の際は山体崩壊に近い大規模な土石流が発生し、梓川沿いの温泉宿（中ノ湯）を倒壊させた。清涼な梓川の流れと神々しい穂高の峰々、それと焼岳の荒々しい所業が同居する上高地こそ火山国、日本そのものである。10月初旬に観測されたデータを使用。

34-234

中央の焼岳山頂から梓川に向かって五本の土石流（シアン表示）が走っている。五本の中、内側三本が大正池を作った土石流であることが読み取れよう。土砂が大正池に流れ込まないよう、これら三本の土石流の先端はバイパス（大正池西岸の沈んだシアンの直線）で結ばれている。南の深い谷を作っている土石流が、1963年の噴火で中ノ湯を倒壊させた土石流。

34-246

穂高連峰や奥飛騨の笠ヶ岳は、すでに積雪（鮮やかなシアン）が見られる。白い噴煙を上げ続ける焼岳火口周辺は濃い赤系で表示されるべきだが、淡いピンクになっている。噴煙が水蒸気からできているためと考えられる。大正池西側に大きくピンクで表示されている一帯が、焼岳からの火山性噴出物を含んだ土石流跡。

34-457

西穂高から奥穂高に続く尾根の西側山腹に茶褐色が見られ、一帯の山々が火山であったことが読み取れる。焼岳では火口から北西側の谷を埋め尽くすかのように濃い茶褐色が下り、南東側は淡い茶色である。焼岳噴火では溶岩などの直接的な噴出物は北西の谷に流れ、火山礫（かざんれき）や火山灰は南から東にかけて積もり土石流になったと考えられる。

㉟ 乗鞍岳

3026ｍ	長野・岐阜両県
ハザードマップ：未整備	警戒レベル：1

岐阜と長野両県を結ぶ山岳道路、国道158号線の南に位置する活動中の火山。上高地の焼岳から乗鞍岳にかけては安房山や硫黄岳などの火山が一列に並び、北アルプス火山列と呼べよう。安房峠のトンネル工事では大規模な熱水脈に突き当たり、ルート変更が余儀なくされた。山麓には白濁した湯の白骨温泉をはじめ、多くの温泉地が点在している。6月中旬までは雪が残り、夏スキーを楽しむ来訪者も多い。山頂までは専用道路（一部は一般車両の乗り入れが禁止されている）が開設され、熊などの野生動物による行楽客への被害が増えている。10月初旬に観測されたデータを使用。

35-234

画像中央上から斜めに流れる川は上高地を流れてきた清流、梓川である。乗鞍岳は、烏帽子岳、恵比須岳、富士見岳などからなる火山群。岐阜県側山腹の濃い赤で大きく盛り上がっている三ヶ所は、これら火山からの噴出物によるものと思われる。

35-246

乗鞍岳山頂一帯の鮮やかなシアンは、積雪を表している。雪に覆われた乗鞍岳の丸い火口の南、三ヶ所の窪地はピンクに黄色を混ぜた色になっていることから蒸気が噴出していると考えられる。画像中央右斜め上、梓川に近い濃い鮮やかな赤で表示されている谷は、白骨温泉とその源泉域。乗鞍岳から北の沢が合流する盆地の濃い赤は平湯と思われる。

35-457

岐阜県側山腹の濃いブルーの盛り上がりは、いずれも火口から始まっており溶岩流跡と見られる。乗鞍岳の丸い火口内は雪（濃いスカイブルー）で覆われており、活動は収まっていると思われる。火口南の窪地（35-246の画像でピンクに黄色を混ぜた窪地、矢印）と火口を取り巻く東側山腹が濃い茶褐色であり、新しい時期の火山性噴出物か。

㊱ 白山・白峰

2702 m	石川・福井・富山・岐阜の4県
ハザードマップ：未整備	警戒レベル：1

白山は越前、越中、美濃、尾張、三河など中部圏の山岳信仰の中心地である。白山から三ノ峰（2128 m）に至る両白山地は、北陸の三県・岐阜県のみならず中部圏全体の水源地。手取湖、九頭竜湖、白水湖、御母衣湖の水は、水力発電にも利用されている。雪に覆われた白山の東の湖は、白水湖。ユネスコの世界文化遺産に登録された合掌作りが立ち並ぶ白川郷は、画像右上。白山から北の岩間では噴泉塔を縫うように温泉沢が流れ、白山スーパー林道脇では無料の中宮温泉が開設されている。白山の山腹には、湯気や蒸気が激しく噴出する地獄谷が点在している。10月初旬に観測されたデータを使用。

36-234

白山の北尾根から山麓に向かって扇状に濃い赤が広がり盛り上がっている一帯は、溶岩流や崩落からできた地形と思われる。くっきりとした火口の輪郭や火口原などは見られず、噴火跡と思われるのは山頂南の尾根のむしり取られたような窪地、丸くシアンで表示されている一帯。

36-246

山頂一帯は積雪のため、熱現象はまったく見られない。赤に近い鮮やかなピンクで表示されている地域は、噴泉塔が見られる北山麓に集中している。白山域では東山腹に熱現象が集中しているが、火山性の熱とは断定できない。尾根をむしり取ったような窪地は青みを帯びたピンクであることから、蒸気が噴出していると考えられる。

36-457

新しい噴出物を示す濃い黒褐色は、まったく見られない。白山の西山腹では谷を超えて茶褐色が帯状に続いているが、新しい噴出物ではないと思われる。尾根をむしり取ったような窪地(矢印のあたり)は茶色に黄色の混じった淡い茶黄色であることから、崩落で岩体が露出したと考えられる。

37 御嶽山（御岳山）

3067m	長野・岐阜両県
ハザードマップ：整備済み	警戒レベル：2

2014年9月27日の水蒸気噴火では、噴石の直撃などを受けて死者・行方不明者は63名、重軽傷者は70人余に達した。噴火直後、警戒レベルは1から3（入山規制）に引き上げられた。火山性微動は続いていたが、2015年6月26日に夏山シーズンを前にして警戒レベル2（火口周辺立入り禁止）に引き下げられた。御嶽山では、1979年、91年、2007年にも水蒸気噴火が観測されている。1984年の御嶽山を震源とする木曽地震では、南山麓で大規模な岩なだれが発生し、多くの林道や製材施設が消失した。御嶽山は御嶽信仰の中心地であり、山腹には多くの宿坊が開設されている。5月中旬に観測された噴火以前のデータを使用。

37-234

南山腹から蛇が頭を持ち上げて登っているようなシアンは、1984年の木曽地震で山体が崩落した跡である。2014年9月27日の噴火は、この蛇の頭と小さな尾根を挟んだ谷の上部域、地獄谷と呼ばれていた場所であろう。ベッタリした山頂域のシアンの中、黒い三点が見られる一帯。

37-246

山頂域の濃いブルーは、残雪である。地震で山肌が大規模に崩落した南山腹の熱は、火山性の岩石が露出しているためと考えられる。2014年の噴火では、剣ヶ峰山頂東の馬蹄形をした濃い赤に近いピンクの谷でも活動が見られた。地獄谷は、積雪（濃いブルー）のため熱現象は観察できない。

37-457

山頂の火口原には、くっきりとした火口跡が複数見られる。剣ヶ峰の西側火口は、くっきりとした輪郭が保たれている。火口西半分が濃い黒褐色で表示され、溶岩を流出するような噴火が新しい時期にあったと考えられる。地獄谷は雪のため淡い茶黄色で表示されるべきだが、鮮やかな茶褐色で表示されている。

㊵ 雲仙岳（雲仙普賢岳）

1359ｍ	長崎県
ハザードマップ：整備済み	警戒レベル：1

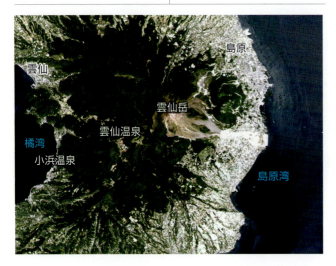

1792年（寛政4年）の噴火では大量の土砂が島原湾に流れ込み、巨大津波が発生。対岸の肥後（熊本県）では10ｍを越える津波に襲われ、14,000余名が犠牲になっている。この津波を契機に肥後（熊本県）では「島原大変、肥後大迷惑」の格言ができ、対岸の普賢岳からの噴煙に関心が高まった。1990年に活動が活発化、翌91年の火砕流では取材にあたっていた報道関係者を中心に43名が死亡または行方不明になっている。深江町（現在は島原市）の水無川から普賢岳を望むと、火砕流の凄まじさが想像できる。山腹には九州を代表する雲仙温泉、西山麓の海岸線には小浜温泉がある。

40-234

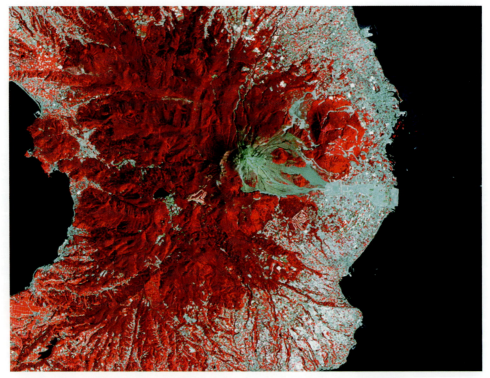

火砕流による直接的な犠牲者以外に収束宣言が出された1995年までに死者1名、負傷者2名が出ている。中央の鮮やかなシアンが普賢岳である。火砕流は南東の赤く表示された丘陵地を巻くように滑らかなシアンで表示されている。火砕流後に発生したと思われる土石流（明るいシアン）が海にまで達していることが読み取れる。

40-246

普賢岳山頂の濃いブルーは、蒸気が噴出しているためと思われる。山腹を駆け下りた火砕流跡がベッタリとしたピンクで表示されている。南山腹の外輪山内側、島原市街後背の丘陵地の窪地にも濃いピンクが見られ、新しい噴出物と思われる。普賢岳西側の山腹に濃いピンクが表示されている一帯が雲仙温泉。

40-457

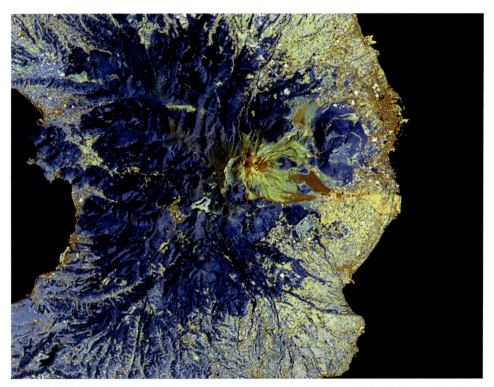

山腹の丘陵地を巻くように下った火砕流(ベッタリした滑らかなこげ茶)は、山麓で合流し海に流れ込んでいる。1991年の火砕流犠牲者は、合流地付近で発生している。火砕流は溶岩流と違い小粒な噴石や軽石、火山灰などから作られているため、火砕流跡は滑らかになる。

㊶ 鶴見岳・伽藍岳

鶴見岳 1374 m・伽藍岳 1045 m	大分県
ハザードマップ：整備済み	警戒レベル：1

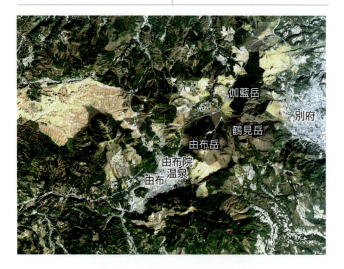

四国の吉野川から佐田岬半島を抜けた中央構造線が九州の下に潜り込む位置に、鶴見岳、伽藍岳、由布岳（豊後富士1584m）などの火山が分布している。鶴見岳から伽藍岳にかけた山麓、石垣原は日本最大の湯量を誇る別府温泉の熱源になっている。別府温泉では11種類ある泉質の中、10種類の温泉が楽しめる。別府温泉街は、石垣原の麓を南北に走る大分自動車道の右外側。画像右上の大分自動車道が伽藍岳（硫黄山）を包み込むように大きくカーブする内側の開かれた丘陵地は、無人（無料）の温泉が開設されている十文字原。画像中央から左端まで大きく開けた地域は、自衛隊の日出生台演習場である。

41-234

鶴見岳、伽藍岳、由布岳を囲むように走るシアンの帯は、大分自動車道。伽藍岳火口域は青系の強いシアンで表示され、中が白く抜けている。噴気のせいであろう。伽藍岳と由布岳に挟まれた鶴見岳は火口を含めグレー系のシアンで表示され、うっすらと植物に覆われているか。由布岳では、大きく裂けた火口と丸い火口の二つが読み取れる。

41-246

注目するのは、十文字原などに見られる鮮やかなシアン域。この画像に短波長域のデータは組み込まれていないが、鮮やかなシアンは石灰岩などの水成鉱物と考えられる。バンド2,5,6から作る画像でも鮮やかなシアンであれば、石灰岩などの水成鉱物と断定できる。伽藍岳火口内の濃いピンクに囲まれた黄白色は、噴出する蒸気のせいか。

41-457

濃い黒褐色から茶褐色は、伽藍岳火口の北山腹、鶴見岳に連なる尾根、由布岳の二つある火口周辺に集中していることが読み取れる。湯布院温泉の後背にそびえる由布岳は監視対象の火山に指定されていないが、上の41-246の画像とも考え合わせると監視対象に入れるべきであろう。

九重山

1791m	大分県
ハザードマップ：整備済み	警戒レベル：1

伽藍岳、鶴見岳、由布岳などの別府火山群と阿蘇火山の中間に位置する火山群。九重山、大船山（1787m）、黒岳、三俣山など九重（久住）山に連なる大小の火山と飯田高原の火山から構成される。九重山単体を活動中の火山と捉えるべきではなく、九重連山から飯田高原一帯の大小の火山を活動中の火山と考える方が妥当であろう。この地域は地熱も多く、1980年代には大岳で地熱発電の商業運転が始まっている。周辺には筋湯、法華院、寒地獄などの温泉地がある。地域の努力で全国的に有名になった黒川温泉は、九重連山の南山麓にある。

42-234

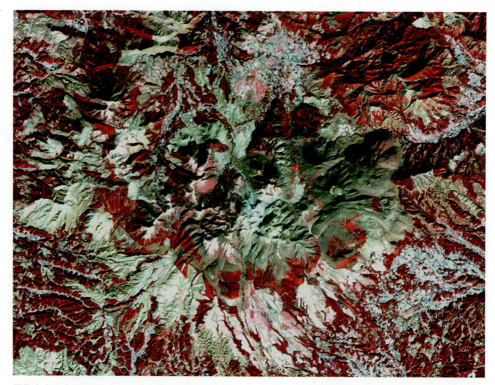

画像中央の赤（植生）の少ないゴツゴツと盛り上がっている一帯が九重・飯田高原の火山群。ふっくらと大きく盛り上がっているのは黒岳で、大船山の火口はくっきりとした輪郭を保っている。九重連山は、火山群中央の濃いシアンで表示されている南に壁のように連なる尾根。中央の濃いシアンが噴火活動の中心域か。

42-246

九重連山から三俣山にかけて噴火活動の中心域は濃い赤系のピンクで表示される筈だが、周辺域を含め濃い水色（空色）になっている。41の伽藍岳や鶴見岳域同様、この地域も石灰岩などの水成鉱物からできていると考えられる。火山性の熱と断定できるのは、画像中央のザラついた濃い水色の中、淡い黄白をピンクが包み込んでいる一帯。

42-457

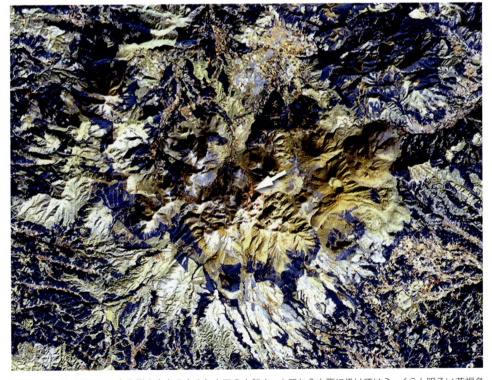

溶岩流跡と読めるのは、火山群中央右の大きな火口の大船山。火口から山腹に掛けてはふっくらと明るい茶褐色で盛り上がっていることから、粘り気の強い溶岩が流出したと考えられる。九重連山の北尾根の小高い山には、複数の噴火口が読み取れる。三俣山の南、画像中央の赤銅色で表示されている一帯（矢印のあたり）が活動の中心域。

㊸ 阿蘇山

中岳 1506 m	熊本県
ハザードマップ：整備済み	警戒レベル：3

周囲68kmの広大な阿蘇カルデラでは、中央火口丘一帯のみを画像化している。中央火口丘の火山群、中岳（1506m）、高岳（1592m）、烏帽子岳、根子岳などの総称が阿蘇山である。カルデラ全体を阿蘇山として扱うこともある。カルデラとは、ポルトガル語で「大きな鍋の底」を意味する。1979年の噴火では、登山客1名が噴石で死亡。2012年、九州北部豪雨では阿蘇谷で大規模な土石流が発生し、30余名が犠牲になっている。2014年11月以降、中岳では火焔（溶けた状態のマグマのしずく）を吹き上げる噴火を観測。2016年10月9日、中岳第1火口で36年ぶりに爆発的なマグマ水蒸気噴火。レベル3に引き上げられた。

43-234

火口丘中央、濃い青み帯びたシアンで表示されている山が活動中の中岳。中岳の右、山頂一帯がベッタリした青み帯びたシアンが高岳。中央火口丘では、高岳と中岳に挟まれた窪地一帯（火口原）に濃い青みを帯びたシアンが集中している。くっきりした中岳の二つの火口では、ざらつきなどから南側の火口から溶岩流出があったと考えられる。

43-246

二つある中岳の火口の中、北側火口の北山腹に広がる青紫色の三角形は蒸気や湯気などの水分を多く含んだ新しい時期の噴出物域であろう。中岳南側の深い大きな火口の周辺、高岳と中岳を結ぶ尾根に沿って熱の多いことが読み取れる。

43-457

明るいブルーや濃いブルーの帯（植生域）が、中央火口丘の山麓をぐるりと取り巻いている。そんな中、中岳から高岳一帯の濃い茶褐色域が不気味なほど目立つ。中岳の北側火口（第1火口）内に赤点が見られ、溶けた状態の溶岩（マグマ）が露出していると思われる。普段、火口内は蒸気や湯気で満たされ、火口底を見ることができない。

霧島火山群

1700ｍ	鹿児島・宮崎両県
ハザードマップ：整備済み	警戒レベル：3（新燃岳） 1（御鉢）、2（硫黄岳）

霧島火山群は北山麓の飯盛山・栗野岳から南東山麓の高千穂峰・御鉢まで、幅5km、長さ10kmに満たない狭いエリアに大小20余の火山が集中している。左上の山麓が大きく切り開かれた地域は、自衛隊の霧島演習場。2011年に新燃岳（1471ｍ）が噴火し、大量の火山灰を噴出。火砕流も観測されている。高千穂峰（1574ｍ）の御鉢、韓国岳（からくに）（1700ｍ）でも噴火活動が観測されている。2014年夏頃からは、えびの高原バスターミナルに近い硫黄山（韓国岳の北山腹）で火山性地震が多発。2016年12月12日以降、警戒レベル2が発令。霧島火山群の実態がつかめるよう2014年の新燃岳噴火前に観測されたデータを使用。

44-234

大浪池（火口湖）の西山腹に走るシアンの筋は、霧島スカイライン。この道の北の出発点が、明るいシアンで表示されているえびの高原バスターミナル。活発な火山活動を続ける韓国岳、新燃岳、高千穂峰の御鉢が一本の帯上にあることが読み取れよう。

44-246

えびの高原東の青白い場所は、硫黄山山麓の水蒸気爆発跡にできた熱蒸気や有毒ガスが噴出する賽の河原。蒸気口には、芽生えたばかりのスギナのような淡い緑の透き通った硫黄が育っている。新燃岳のスカイブルーの火口湖は、2011年の噴火で消失。濃い赤系ピンクの御鉢は活動を活発化させており、今後も注意が必要。

44-457

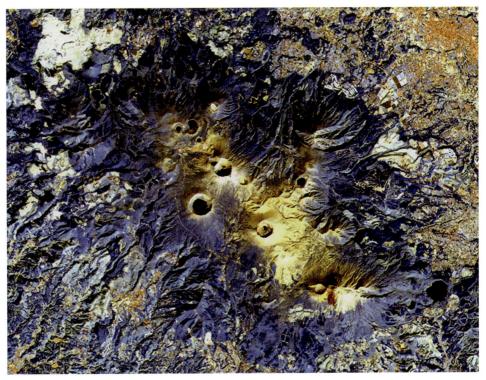

火山の帯からの噴出物（黄茶から濃い褐色）が宮崎県側の山腹斜面に広がっている。山腹はかつて深い森で覆われていたのか、火砕流で炭化した巨木が見られる。濃い茶褐色は、韓国岳、韓国岳山腹の鋭く尖った硫黄山、高千穂峰山頂の口をすぼめたような火口域に目立つ。2011年のデータのため、新燃岳からの噴出物は反映されていない。

㊤ 桜島(北岳)

1117 m	鹿児島県
ハザードマップ：整備済み	警戒レベル：2

桜島は、約5万年前（5〜20万年前の説もある）の巨大噴火で形成された姶良カルデラの中央火口丘である。1914年（大正3年）の噴火において、大量の溶岩が海峡を埋め立て大隅半島とは陸続きになる。2013年8月18日、昭和火口最大の噴火が発生。2015年8月15日、地殻変動を伴う急激な山体膨張を観測。噴石を伴う中規模な噴火が予測されることから噴火警戒レベルを4に引き上げ、昭和火口および南岳山頂火口から半径3km以内の住民に避難勧告を発令。2015年9月1日には地元自治体の要請を受け噴火警戒レベルを3に引き下げ、11月25日には5年振りとなるレベル2に引き下げた。

45-234

深みのある青黒いところが火山からの噴出物域である。土石流は桜島の中心街、フェリー乗り場になっている袴腰地区にも到達していたことが読み取れる。昭和火口からの噴煙で古岳東側の火口群や海岸線は見えないが、溶岩で埋め尽くされた海岸の先端部では熱湯が湧出している。

45-246

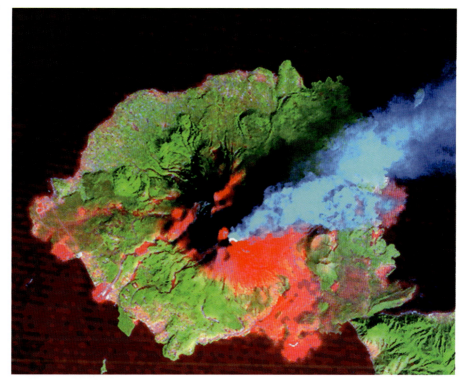

先の画像では北岳と噴煙を上げる昭和火口の二つだけが噴火口と読み取れるが、袴腰地区に近い噴火口が南岳山頂火口である。袴腰地区に迫った火砕流や土石流は、この火口から噴出したものと考えられる。昭和火口の南には、新たな噴火を予兆させる火口が見られる。

45-457

昭和火口からの噴出物（茶褐色からこげ茶色）は古岳の火口縁に妨げられ、南に大きく流れを変えて湾内に流れ込んだことが読み取れる。桜島の噴火では活動中の昭和岳や南岳山頂火口だけにとらわれず、島全体が姶良カルデラの中央火口丘であることを考えに入れるべきであろう。

大隈諸島・トカラ列島の火山島

薩摩硫黄島、口永良部島、諏訪之瀬島の火山島は海洋からの影響が観測データに大きく反映されているため、BGR＝123（衛星写真）、BGR＝457、放射熱域を観測しているバンド6（またはバンド61）を画像化したサーモグラフィー（熱分布）の3点を使用しました（上から順に掲載）。カバー範囲が狭いため、画像3点が同時に見られるよう一枚になっています。

 ## 薩摩硫黄島

| 鹿児島県 | ハザードマップ：整備済み | 警戒レベル：1 |

46-3-Pics

ランドサット5号のデータを使用。2000年の噴火後、噴火警戒レベル3の状態が続き観光事業開発が頓挫。持ち込まれた孔雀が野生化している。

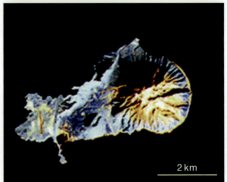

㊼ 口永良部島 くちのえらぶしま

| 鹿児島県 | ハザードマップ：整備済み | 警戒レベル：3 |

47-3-Pics

ランドサット7号のデータを使用。熱分布画像の分解能は60m。2015年5月29日、新岳で爆発型の噴火が発生。噴火警戒レベル5が発令され、78世帯137名の全島民が島外に避難。警戒レベル5を維持したまま同年10月21日に重点警戒範囲を火口から2.5km以内に縮小し、12月25日以後は一部地区を除き全島避難を解除。2016年6月14日以後、警戒レベル3に引き下げられる。

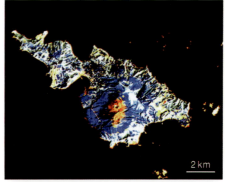
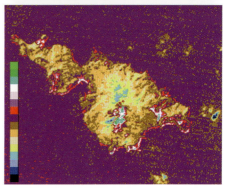

48　諏訪之瀬島

| 鹿児島県 | ハザードマップ：整備済み | 警戒レベル：3 |

48-3-Pics

ランドサット7号のデータを使用。熱分布画像の分解能は60m。溶岩流が海岸線まで到達していることが読み取れよう。海岸には温泉が湧出している。

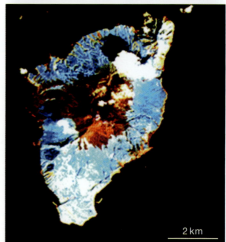

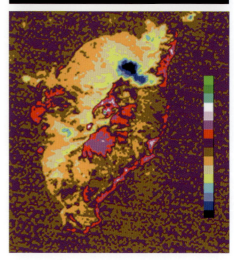

平和、軍事を問わず衛星を使った観測・観察は、究極の領空侵犯!?

「日本人にとって宇宙は、最大のロマン」と、国際宇宙ステーション（ISS）に滞在経験のある日本人宇宙飛行士が語っていた。しかし宇宙開発は、ロマンとは遠くかけ離れたものである。領土、領海、排他的経済水域（EEZ）は一部の国を除き国連や国際海洋条約で規定されているが、領空には明確な規定がない。領空は領土・領海の上空100km程度（大気圏内）までが妥当とする国もあれば、一方で宇宙の果てまでとする国もある。

米国政府が所有する平和利用を目的とする資源探査衛星ランドサットはその初期は、米国空軍が運用管理していた。カーナビ・船舶・地理情報システムで利用されているGPS衛星は、米国海軍が運用管理している。

日本では2016年11月9日に、「宇宙活動法」と「衛星リモートセンシング法（リモセン法）」の二つの法律が国会で可決・成立した。リモートセンシング（Remote Sensing）とは、離れた場所（Remote）からカメラ、スキャナー、レーダーなどの機器を使って観測・観察する行為である。ランドサットの運用が開始した1972年以後は人工衛星による観測・観察をリモートセンシングと呼ぶようになったが、街頭の監視カメラ、野生動物の行動を観察する無人カメラや電波発信・受信機で観察する行為もリモートセンシングである。

軍事利用を目的する偵察衛星、日本では多目的情報収集衛星と読み替えられているが、CEOS（地球観測衛星委員会）に登録されている平和利用を目的とする衛星であっても国家の安全保障に重大な危機をもたらすような場合は制限される。衛星を使ったリモートセンシング（リモセン）は、究極の「領空侵犯」である。

衛星リモートセンシングを使った究極のインテリジェンス・ビジネス

コラム 2

　資源探査を目的するランドサットは石油・天然ガス・石炭などのエネルギー資源、金・銀・銅・亜鉛などの鉱物資源探索、水や農地などの有効活用に利用されている。しかし、民間企業が独自に運用管理する衛星もある。こうした場合、CEOS（地球観測衛星委員会）には登録されておらず、観測したデータは非公開である。

　全世界の主要穀物取引の4割弱を牛耳る穀物メジャー、カーギル（Cargill）は1980年代半ばから自社所有の衛星を駆使してトウモロコシ、小麦、米、大豆、大麦など主要穀物の作付面積、生育状況、収穫予測を地球規模で実施している。ミネアポリス（米国ミネソタ州）に本部を置く同社は、衛星による観測と併せて主要穀物生産国に現地調査員を配置して衛星から得た解析結果を検証している。トウモロコシや大豆などの穀物は食料・飼料以外にも、バイオエタノールにも使われる。

　種子・肥料の販売から生産物の買付け、農地開発から農場斡旋、金融まで穀物生産ビジネスに伴う全業種をカバーする同社は、米国中西部のコーンベルト、ネブラスカ、アイオワ、カンザス、イリノイ各州の農場経営者から「悪の帝国」と呼ばれ恐れられている。SFやスパイ映画では、森林の中に建つピラミッドの上部半分を水平に切ったような形状のミネアポリスの同社本部ビルがしばしば登場する。画像は鹿児島県志布志湾内の人工島に建設された同社の巨大サイロ群（画像上のサイロ群右に、大きさを見るため後楽園ドーム球場の画像を載せた）。

第Ⅱ部
監視対象外の火山

気象庁の24時間監視対象の火山ではありませんが、噴気や小規模な水蒸気爆発、火山性微動が観測されている火山を取り上げました。2016年になって八甲田山や立山・弥陀ヶ原も24時間監視対象の火山に指定されましたが、観測体制や対象域が明確にされていないため本書では対象外火山としました。

従来から監視対象外のため、噴火警戒レベルやハザードマップの整備状況は明確になっていません。画像のカバーする地上距離は、Ⅰ部と共通させるため全地域とも24×18kmになっています。ロシア政府が実効支配する北方領土、国後島の爺爺岳（くなしり・チャチャ）は現地調査ができないため参考として取り上げました。火山番号は、著者が独自に設定したものです。

⑨⓪ 知床火山群

1661m

北海道

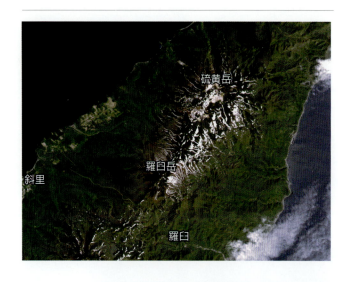

カムチャッカ半島から延びる千島火山帯（東北地方では東日本火山帯の一部）に属する。半島中央には知床岳（1254m）、硫黄岳（1563m）、羅臼岳（1661m）などの火山が一列に連なり、半島付け根には優美な斜里岳（1545m）がある。半島全体がユネスコの世界自然遺産に登録されている。ここでは多くの観光客が訪れる硫黄岳から羅臼岳にかけた半島の付け根に近い一帯を画像化した。画像左の山腹をウネウネと走る道は別名、白骨街道と呼ばれる羅臼と斜里を結ぶ峠越えの国道334号線。知床連山の尾根に走る白い筋は残雪である。5月下旬に観測したデータを使用。

90-234

ギザギザした火口を持つ硫黄岳から海岸に向かって大きく谷が開いている。その西側の中腹にある赤い植生域の中、深いシアンで細長く表示されている場所には温泉滝のカムイワッカがある。画像中央手前の羅臼岳から斜里町に向かって深い赤で盛り上がっている丘陵が、羅臼岳からの溶岩流出域と思われる。

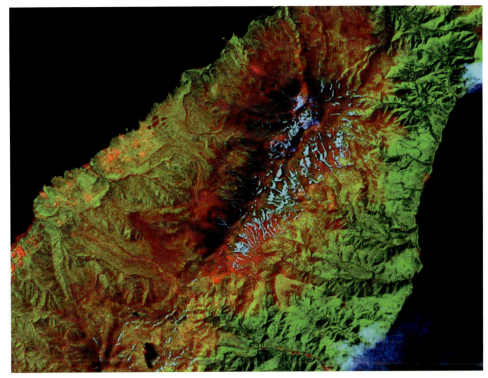

残雪域が鮮やかなシアンで表示され、谷の発達が読み取れよう。火口内に雪の残る硫黄岳では火山性の熱現象を読み取ることはできないが、北に延びる谷や温泉滝（温泉沢）のあるカムイワッカの熱は読み取れる。カムイワッカから先に行く道は、立入りが制限されている。羅臼岳および羅臼岳周辺域の赤に近い朱色は火山性の熱であろう。

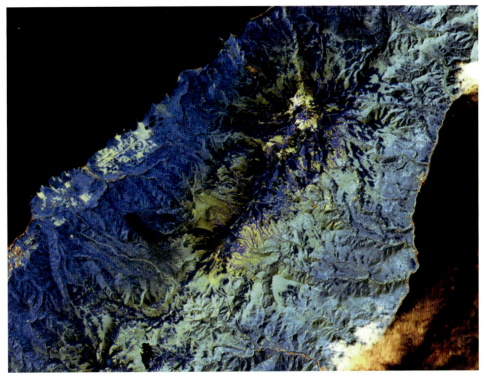

温泉沢が流れるカムイワッカの谷は、濃い茶褐色になっている。温泉滝は茶褐色の先端部、溶岩テラスの切れ目の断崖にある。羅臼岳の北から西側にかけた山腹に三段になった溶岩テラスが見られ、溶岩を大量に流出する規模の噴火が三回以上はあったと考えられる。

恐山

879 m

青森県

下北半島中央部に位置する恐山山地には、日本を代表する霊場がある。宇曽利山湖の湖底からは強酸性のお湯が湧出し、魚などの生物は生育できない。恐山一帯では80年代、国の金属資源開発事業団（現在の石油天然ガス・金属鉱物開発機構、JOGMEC）によるリモートセンシグの技術を使った資源探査で、熱水鉱床の存在が確認されている。同様の探査は鹿児島県菱刈でも行われ、金品位1トンあたり90グラム、推定可能産出200トン（最新調査では300トン）の東洋最大の菱刈金山が開発された。2000年までに約100トンの金を産出。霊場である恐山では、試掘は実施されなかった。

91-234

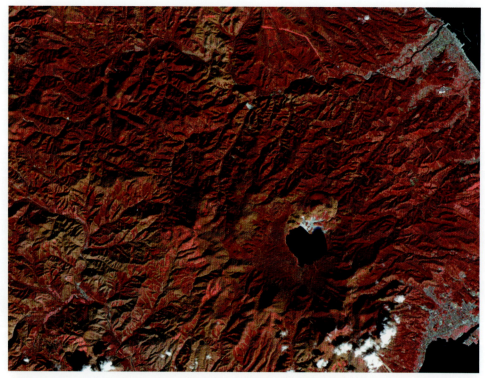

画像上部から中央右上の山並みに走る鮮やかなオレンジの筋は、水力発電所用の導水管であろう。宇曽利山湖と湖を取り囲む山全体が霊場であり、自然の植生が保たれていることが画像から読み取れよう。イタコと呼ばれる霊媒者を介し、死者と会話ができる場所は湖岸北側のシアンで表示されている地域。

91-246

カルデラ湖でもある宇曽利山湖周辺は深みのある緑に全体的に赤が混じり込んでいる。賽(さい)の河原やイタコによる口寄せが行われる霊場は、湖岸北側の二段になった山裾野のくすんだシアンにピンクが織り込まれた地域。参道や賽の河原では蒸気や火山性ガスが噴出し、ガスの濃くなる夕方は立ち入りが禁止される。

91-457

湖岸北の霊場域の明るい茶黄色が目立つだけで、広く植生に覆われた山地に新しい火山性の噴出物(黒褐色や濃い茶褐色)は見られない。宇曽利山湖を取り巻く釜臥山(かまふせやま)(879m)などの外輪山外側山腹が茶黄色で表示され、かつて一帯が火山であったことが読み取れる。

八甲田山

1585 m

青森県

八甲田山（1585m）と櫛ヶ峯（1517m）を中心とする双子の火山群。噴火の記録は乏しいが、八甲田山では山頂尾根にくっきりとした火口が複数残されており1万年前頃までは活発な噴火活動を続けていたと考えられる。八甲田山周辺域には、酢ヶ湯（酸ヶ湯）、合地、猿倉などの秘湯が点在している。八甲田山系では2014年半ば以降、火山性地震が多発している。また三八上北（青森県東部から岩手県北部域）では、比較的浅い場所（地下10km以内）を震源とする地震が観測されており注意が必要であろう。

92-234

裾野の濃い赤、山麓から中腹にかけた青緑地に淡い赤、山頂尾根の赤と、八甲田山系では、三態の植生が見られる。標高差による植生の違いとは考えられず、火山活動に伴う隆起や噴出物の違いが植生に反映していると考えられる。八甲田山頂尾根に並ぶ三つの火口（濃いシアン）は輪郭がハッキリし、現在も活動中と思われる。

92-246

八甲田山山頂尾根の火口列では、赤に近い濃いピンクになっている。日本一豪雪の温泉地として知られる酢ヶ湯は、八甲田山の火口列からすぐ南西の谷近く、深緑に囲まれた鮮やかなピンク域。火口列から南、八甲田山と櫛ヶ峯の谷あいが淡い黄青色をバックにピンクが広がり、お湯の染み出す湿原と思われる。

92-457

八甲田山系における三態の植生は、火山などの地殻変動で隆起し、隆起した台地で活発な噴火活動が起こり溶岩などの噴出物（山腹に取り巻くように盛り上がった濃い黒茶褐色や茶褐色）を大量に流出させながら山全体が成長したものと考えられる。

高原山

1795 m

栃木県

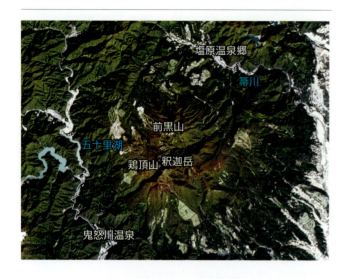

那須と日光連山の中間に高原山は位置する。高原山を関東平野側から見ると、山頂に三つの頂きがある富士山のように見える。高原山は釈迦岳(1795 m)、西平岳(1712 m)、剣ヶ峰(1540 m)、前黒山(1678 m)、鶏頂山(けいちょうざん)などから構成される。山頂が鶏冠(とさか)のように見えることから鶏頂山という説がある。塩原温泉郷は、北から東山麓を流れる箒川(ほうきがわ)上流の渓谷。北山腹の富士山(1184 m)域では岩の間から蒸気が噴出し、小規模な水蒸気爆発も観測されている。北山麓の塩原温泉郷では広葉樹や二枚貝の化石が、南山麓にはマンガン鉱山跡があり、海底火山が隆起したものと考えられる。10月上旬に観測されたデータを使用。

93-234

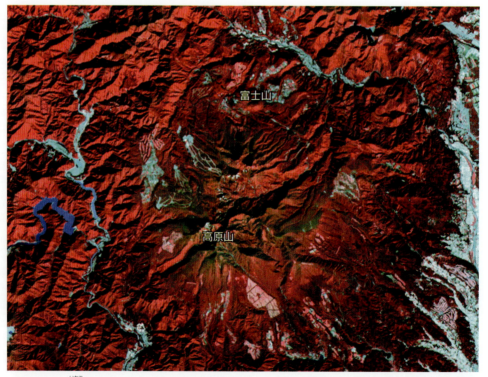

画像左端は、五十里湖(いかり)ダム、川治ダム湖がある鬼怒川源流域。源流域の渓谷沿いには、鬼怒川温泉や川治温泉が展開している。高原山の山頂域では明確な火口跡は見られないが、中央火口原と思われる窪地北側の尾根に火口列(小さな点のシアンの列)が読み取れる。

93-246

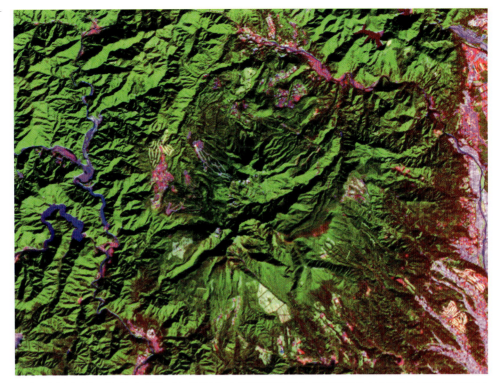

左端の鬼怒川に近い高原山の山腹に食い込むピンクが鬼怒川温泉で、五十里湖ダムからの流れと川治ダム湖からの流れが合流する谷の濃いピンク域が川治温泉。北山腹のふっくらした富士山の西山腹のくすんだピンク域では、蒸気が岩の間から噴出する光景やすり鉢状の水蒸気爆発跡が見られる。

93-457

濃い褐色は中央火口原西の深い谷に挟まれたV字型の鶏頂山北斜面。火口原北の前黒山（丸い火口跡のある山）にも見られるが、上の93-246の画像と照らし合わせても新しく噴出されたものではないだろう。北山腹の富士山西側とその周辺域に赤褐色が見られ、新しい時期の火山性噴出物が露出していると考えられる。

榛名山 はるなさん

94

1449 m

群馬県

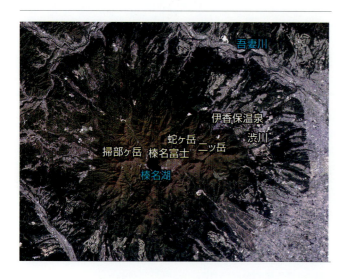

榛名富士（1391m）と榛名湖を含む周辺域の山々の総称が榛名山である。榛名湖は周囲の火山が噴火したことによってできたカルデラ湖である。湖岸の円錐形の榛名富士が、榛名カルデラの中央火口丘と考えるべきであろう。北から南東にかけた榛名山の山腹では、溶岩洞門や幾段にも重なり合った溶岩流跡を見ることができる。榛名富士、蛇ヶ岳、二ツ岳など中央火口丘から多くの行楽客が訪れる伊香保温泉街までは、直線で約2kmほどの距離。伊香保温泉街は、中央火口丘から北東のゴルフ場に囲まれた地域である。火山性微動や湯温の変化は観測されていない（2015年3月末現在）。

94-234

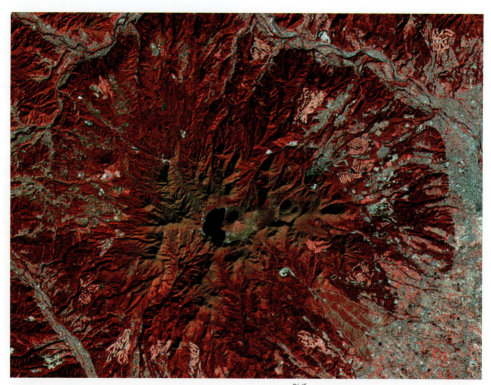

画像中央上から北東山麓の青黒い川が吾妻川。上流の川原湯では八ツ場（やんば）ダムの建設が行われている。榛名湖と榛名富士の位置関係は、箱根カルデラの芦ノ湖と箱根山に酷似していることが読み取れよう。榛名富士からは南東の山腹、自衛隊相馬ヶ原演習場との中間のシアンで表示された窪地は石切り場であろうか。

94-246

北東側山腹の深緑を淡いピンクで切り込んでいるのが、伊香保温泉街。この画像から源泉域を確定することは難しい。火山性の熱現象と考えられるのは、榛名富士を南から北東にかけて取り巻く深緑地に赤を重ねた地域。低木の木々や草の生える比較的平坦な場所で観光施設はなく、人工的な熱源がない地域である。

94-457

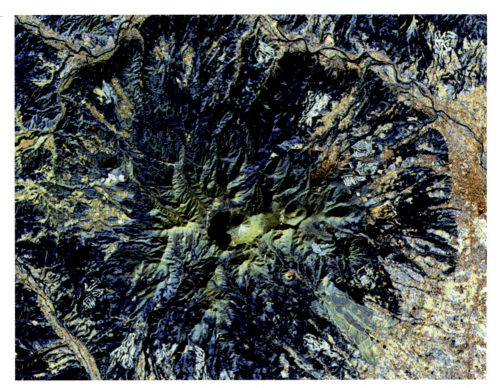

榛名湖西の掃部ヶ岳(1449m)山頂から北西山腹に溶岩流跡と思われる階段状の地形(こげ茶色地に薄いブルー)が見られる。榛名富士では、上の94-246の画像で火山性の熱と考えられる地域に淡い茶色や濃い茶褐色が見られる。北東山腹には丸い火口が二つ並び、右側の火口は淡い茶色である。これから榛名山では火山活動が続いていると考えられる。

⑨⑤ 立山・弥陀ヶ原

3015 m

富山県

深い渓谷を東西から挟み込むように三千メートル級の山波が続く秘境、黒部。剣岳(2998m)、雄山(3015m)、龍王岳(2872m)などからなる立山連峰は、ダム湖西岸の南北に連なる峰々。室堂平(画像中央)は、立山信仰の奥院域にあたる。ここは立山観光の中心地になっているが、近くのガレ場には火山性の熱蒸気や熱湯の湧き出す地獄谷が広がっている。弥陀ヶ原は、地獄谷、室堂平、なだらかな丘陵を細かくカーブを描きながら走る立山黒部アルペンルート(画像中央左から中央)を含む一帯を指す。2012年頃から地獄谷の噴気温度が上昇し、マグマの上昇が懸念されている。9月上旬に観測されたデータを使用。

95-234

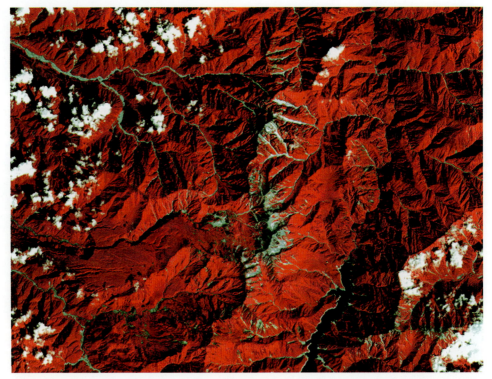

室堂平から地獄谷に掛けた弥陀ヶ原は、画像中央を南北に連なる立山連峰の西側裾野の平坦な窪地。山肌を裂くように濃いシアンで表示されている一帯が地獄谷。立山連峰に走る白い筋は、雪渓である。日本に氷河はないと考えられていたが、剣岳北山腹の雪渓は氷の年代や形状から氷河と認定されている。

95-246

剱岳の北山腹、氷河と認定された雪渓は濃いシアンで表示されている。蒸気の噴気温度が上昇している地獄谷は、室堂平北の谷一帯を赤に濃いピンクを混ぜた地域。室堂平からは南の常願寺川源流の谷あいにも濃いピンクは見られ、温泉滝や温泉沢があると考えられる(矢印のあたり)。

95-457

氷河と認定された谷の雪渓は鮮やかなブルーで表示され、周囲の深みのあるブルー(植生域)とは明らかに異なる。地獄谷を含む室堂平の平坦な窪地や谷あいは噴出する蒸気の影響か、くすんだ茶褐色で表示されている。常願寺川源流域も茶褐色で表示され、一帯が火山性の岩石からできていることが読み取れる。

三瓶山 さんべさん

(96)

1126 m

島根県

三瓶山は、世界遺産に登録された石見銀山を含む石見山系の北に位置する火山。石見山系では、石見銀山、大森銀山を初めとする大小の銀山が平安末期から江戸中期にかけて開発されてきた。三瓶山は、男三瓶（1126m）、女三瓶、子三瓶、孫三瓶が集まって一つの山となっているため、周囲をこれらの山で囲まれた中央火口原の存在はあまり知られていない。火口原では有毒な火山性ガスが噴出している（2015年3月末現在）。監視対象外であるため、火山性微動の有無などは公表されていない。山麓の三瓶温泉は、炭酸泉（炭酸ガスを含んだ気泡）で知られる温泉地。

96-234

三瓶山周辺の中国山地は、分水嶺を越えたことさえ気付かないほど平坦である。一帯ではカンナ流しと呼ばれる手法で砂鉄が採取され、たたら製鉄の原料とされてきた。三瓶山の最高峰、男三瓶では西から北山麓にかけて溶岩流跡（ふっくらした灰青色）が読み取れる。

96-246

先の画像では読み取れないが、三瓶山の北西の丘陵地（全体的に明るいオレンジで表示）に三つほど小さな火口跡と見られる穴が並んでいる（矢印の箇所）。明るいオレンジは、火成岩が分布しているためである。三瓶山中央火口原の淡いピンクは、噴出する火山性ガスによって植生が育たないため。南際山麓の淡いピンクの広がる場所が三瓶温泉。

96-457

三瓶山北西の火口跡らしき三つ穴はかろうじて読み取れる。三瓶山最高峰の男三瓶山頂の火口からは濃い黒褐色が扇状に広がり、溶岩の流出があったと考えられる。男三瓶の火口（山頂の明るい茶褐色の丸）とは別に、男三瓶の北尾根の小さな火口からも溶岩は流出したようだ。

97 開聞岳 かいもんだけ

922 m

鹿児島県

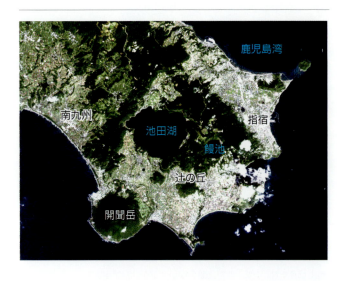

薩摩半島突端の開聞岳は、その山容から薩摩富士と呼ばれている。画像中央は九州最大の淡水湖、池田湖。小高い丘陵を挟んだ東側の鰻池は、マグマ水蒸気爆発で出現した爆裂湖。噴出物でゴツゴツした岸辺では、現在も蒸気や熱水が激しく噴出している。かつおの水揚げで有名な山川港（雲の塊の下）は、カルデラ湾である。湾西側の砂浜には、砂風呂が開設されている。湾を西側から包み込む竹山の海岸線には熱水が湧出し、開聞岳まで延びる緩やかに湾曲した海岸には海の温泉で知られる浜児ヶ水がある。鰻池や一帯の丘陵では地熱が多く、地熱発電所が操業している。

97-234

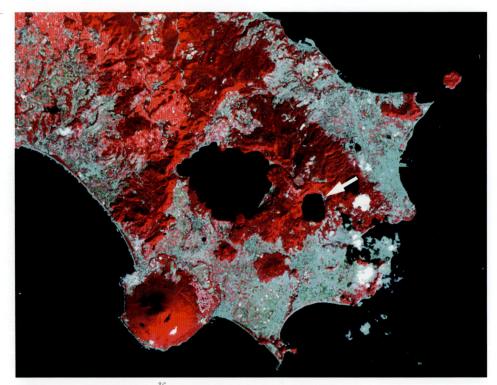

丘陵地がマグマ水蒸気爆発で深く抉り取られた跡にできた鰻池と池田湖を見比べると、水蒸気爆発の規模が理解できよう。岸辺にシアンで表示されている場所（矢印）では、熱湯や蒸気が激しく噴出している。鰻池から南西の丸く大きく盛り上がっている丘陵、辻の丘（岳）は火山活動で隆起したもの。地熱発電所は、この丘の麓で操業している。

97-246

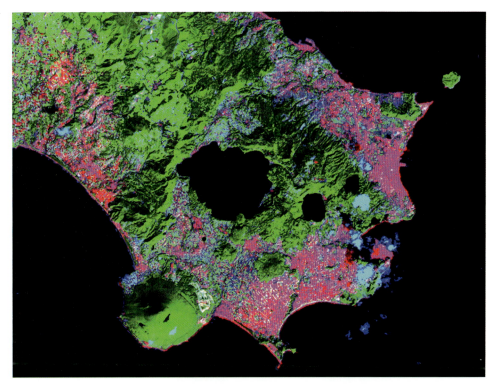

鰻池の岸辺、池を取り巻く丘陵地に淡い青緑地にピンクが散らばっている地域が蒸気を噴出している場所。竹山から緩やかな弧を描いて延びる海岸線では、海側に張り出しているピンクの帯が浜児ヶ水。山頂域を含めて開聞岳では火山性の熱は読み取れない。海に面した南山麓のピンクは、海侵防止堤からの放射熱と考えられる。

97-457

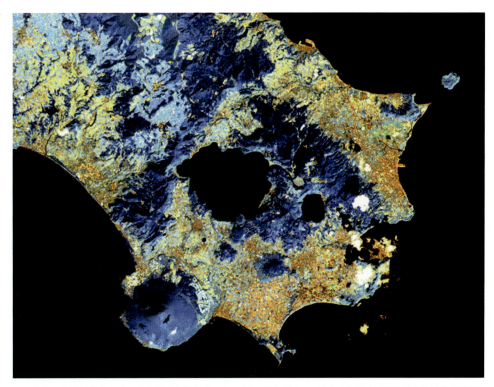

この地方の土壌は鉄分の多い火山性噴出物からできており、地熱が多い。竹山の海岸では顆粒状の磁鉄鉱が堆積した浜も見られる。山川港の濃い茶褐色は、雲の影に地表の茶褐色が重なり合った結果であろう。開聞岳に溶岩流跡は見られず、鰻池周辺でも広範囲に黒褐色や濃い茶褐色域は見当たらず、新しい時期の噴出物はないと思われる。

⑨ 爺爺岳 チャチャだけ (国後島)

1822 m

国後島（北方領土）

北方領土最大の活火山。ロシア政府が実効支配しているため、観測体制や噴火活動の詳細は不明である。1990年代に北海道大学の研究者チームによる爺爺岳一帯での調査はなされたが、一般には公表されていない。南山腹の比較的新しい時期に大量の溶岩を流出したと思われる巨大な火口は、中央火口丘の火口に匹敵するほどの大きさがある。北山腹にも複数の火口はあるが、噴火の規模は小さかったと考えられる。道路のようなものは見られず、手付かずの原生林が残されていると考えられる。

99-234

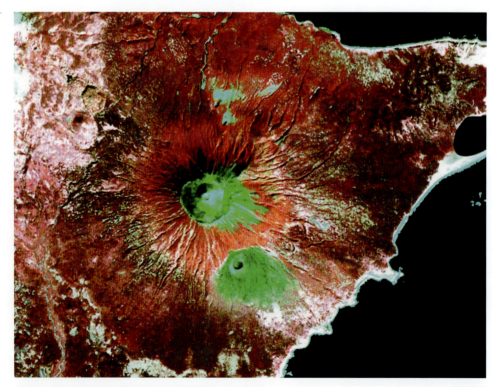

複式火山の中央火口丘、南山腹の火口周辺が緑（青）を帯びたシアンであり、一帯の岩石や土壌は蒸気などの影響を受けて水分が多く含まれていると思われる。北山腹の明るいべったりしたシアンで表示されている複数の火口は、形などからして爆裂谷と考えられる。

中央火口や山腹南の火口が赤に近いピンクであることから、火山性の熱が相当量あると考えられる。中央火口では、火口内が青みを帯びており蒸気が激しく噴出しているようだ。北山腹の火口群は、蒸気や熱湯が激しく噴出する地獄谷の様相を呈していると考えられる。

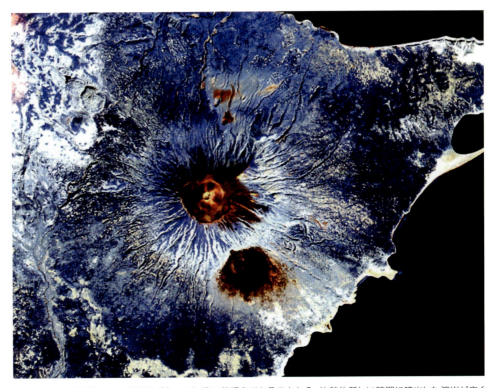

山頂火口、南側山腹の火口周辺はざらついた濃い茶褐色であることから、比較的新しい時期に噴出した溶岩が広く露出していると思われる。北側山腹の山頂に近い地獄谷と思われる噴火跡の濃い茶褐色は、中央と周辺では濃淡や肌理(きめ)が異なることから、水蒸気爆発後に溶岩の流出があったと考えられる。

資源探査衛星——ランドサットの運用と使用方法

　1972年から米国空軍の管理下、運用が開始されたランドサットは現在NASAが運行管理し、観測したデータは米国地質調査所地球観測衛星データセンター（USGS EROS Data Center）が管理している。1972年のランドサット1号の運行開始以来、現在運用中の8号までランドサットは一日も空けることなく地球を観測している唯一の衛星である。2020年には後継のランドサット9号が予定されている。平和利用を目的とする衛星ではあるが、日本で受信が許可されている範囲は日本の領土・領海に制限されている。アフリカ大陸や中央アジアでの資源探査に活用することは、原則不可能である。

　ランドサットを使った資源探査は、日本ではほとんど知られていない。その背景には、日本で受信を開始した1984年当時、膨大な衛星データを処理するコンピュータが高価であったこと、衛星データの利用料が高価のうえ利用分野が限定されていたこと、が挙げられる。衛星リモートセンシングの応用研究をリードしてきたリモートセンシング学会が社団法人 日本測量協会の一つの部会としてスタートし、航空測量を補完する衛星測量、カーナビへの応用、地図情報システム（GIS）の応用研究に傾注してきた経緯もある。米国やフランスとは違って日本では、資源探査への利用は学術的研究テーマには相応しくないと考えられているようだ。

金、銀、銅、亜鉛などの金属鉱物資源を探る

　資源探査を目的とするランドサットでは、可視光域から中間波赤外域までを観測する7種類のセンサーが搭載され、探したい目的のモノ（主題）に応じてこれら7種類のセンサーが観測したデータを組み合わせて画像化する。

　金属鉱物探索では金属鉱床が作られる岩石を知るための画像を作る。岩石は堆積岩、火成岩、変成岩の3種類に大別され、変成岩はマグマなどの熱で変成した火成変成岩と地殻変動に伴って発生した巨大な圧力で変成した圧力変成岩に分けることができる。岩石とは、地層・地殻を形成する岩体である。溶岩などの火山性の噴出物は、岩石として扱わない。比重の重い金属鉱物は地殻にはほとんど存在せず、マグマの上昇に伴って地表に運ばれてくる。金属鉱物が凝集した岩石域を熱水鉱床と呼び、ランドサットで探索するのは熱水鉱床が形成されているであろう岩体である。

資源探査では、マグマが貫入した地域を可視化できる画像を作ることである。特定な金属鉱物、たとえば金だけを抽出する画像を作ることは不可能である。比較的新しい時期に形成された日本列島では地表が植物で広く覆われ、本書の火山性噴出物を特定するバンド4、5、7を組み入れた画像からは火成変成岩（熱水鉱床が形成される岩体）を抽出することは難しい。そこでランドサットのバンド2、5、6のデータを組み入れた画像を使用する。画像で示した濃い明るいオレンジで表示されている地域が火成岩（熱水鉱床が形成される火成変成岩を含む）が存在する地域である。赤に近いオレンジほど新しい時期に形成された火成岩の存在を意味する。

画像1　茨城県大子町

画像2　秋田県北秋田市阿仁

石灰岩やドロマイトなどの非金属鉱物資源を探る

　日本では、石灰岩やドロマイトなどの非金属鉱物の生産額が金属鉱物の10倍に達している。石灰岩やドロマイトは水成鉱物と呼ばれ、岩石分類では堆積岩に入る。

　古代ユーラシア大陸東縁に位置する日本列島では、地殻変動や火山活動の影響を受けて

隆起・沈下を繰り返しながら現在の姿になった。そのため海底下時期に成長したサンゴの残骸である石灰岩が広く分布している。ドロマイト（苦灰石）は酸化マグネシウムを多く含むウミユリの遺骸である。石灰岩はセメントや化成ソーダなどの原料となる。ドロマイトは溶鉱炉で鉄鉱石に含まれる不純物の吸着に使われ、農業では土壌改良材として不可欠である。

　石灰岩、ドロマイトなどの水成鉱物は、親水性が高く熱を吸収する点で、火成岩とは正反対の特徴を持っている。ランドサットを使った探査方法では、金属鉱物探査には、バンド2、5、6を組み入れた画像が有効である。石灰岩やドロマイトが露出する地域は、必ず鮮やかなシアン（明るいブルー）で表示される。画像に示したマグマが貫入して地下に火成岩体が存在する地域では、露出する石灰岩域はシアンで、その背景が濃い明るいオレンジ系の色で表示されている。

画像3　山口県秋吉台

画像4　栃木県佐野市葛生

データインデックス

　本書で使用している全画像は、衛星画像の利用普及と教育支援を目的に著者・福田重雄（Ken S. Fukuda）がランドサットのデータ管理機関（Space Imaging）から使用許可を得たうえでJAXA（宇宙航空研究開発機構）から提供されたデータを使用し、解析したものです。使用したデータシーンのPath-Row（ランドサットのデータの位置を特定するための呼称。東から西へ並ぶ縦の線はPath、北から南へ並ぶ横の線はRow）は、以下の通りです。

第Ⅰ部 活火山（24時間体制監視対象）

Path-Row	該当火山
106-30	アトサヌプリ　雌阿寒岳
107-30	大雪山　十勝岳　有珠山　樽前山　倶多楽湖
108-31	駒ヶ岳　恵山
108-32	岩木山
107-32	岩手山　秋田焼山　秋田駒ヶ岳
107-33	鳥海山　栗駒山　蔵王山
107-34	吾妻山　安達太良山　磐梯山　那須岳
108-35	日光白根山　草津白根山　浅間山　富士山
107-36	伊豆大島（三原山）　新島　神津島　三宅島（雄山）
107-36	箱根山　伊豆東部火山
108-34	新潟焼山
109-35	焼岳　乗鞍岳　白山　御嶽山
113-37	雲仙岳
112-37	鶴見岳　九重山　阿蘇山
112-38	霧島山　桜島
112-39t	薩摩硫黄島　口永良部島　諏訪之瀬島

第Ⅱ部 監視対象外の火山

Path-Row	該当火山
105-27	知床火山群
107-31	恐山
107-32	八甲田山
107-35	高原山
108-35	榛名山
109-35	立山
112-36	三瓶山
112-37	開聞岳
105-29	爺爺岳（国後島）

● 専用画像CD-ROMの申込み方法

　有償になりますが、衛星画像の利用普及と教育支援を目的に本書で使用している全画像210余点を実サイズで収録した画像CD-ROM（DVDの場合もあります）の提供をしています。CD-ROM（DVD）に収録されている全画像は、本書を支援するために提供される専用画像です。本書利用者のために提供されるものであって、有償・無償を問わず譲渡、転売、貸出しはいかなる態様においても禁じられています。提供期間は、本書初版発行年度から15年に限定されています。なお、提供メディアであるCD-ROMまたはDVDは、予告なく変更されることがあります。
　収録されている全画像データの著作権は、データ利用権者であり解析者である著者・福田重雄（Ken S. Fukuda）に帰属します。
　専用画像の申込書の書式・形式は自由ですが、申込書に氏名、住所、連絡先、使用分野を明記し最後に自筆署名と申込年月日を記入してうえで下記に郵送してください（出版社では扱いませんので、ご注意ください）。
　ファックス、電話、メール等での申込みは書類保全の関係上、ご遠慮ください。申込書は該当機関からの依頼があった際は、その内容を開示しますので予めご了承ください。日本国内の小・中学校、高校、大学、もしくは大学院に在籍、または勤務されている方は、学校名を必ず記入してください。アカデミック料金が適用されます。

送り先：アースウォッチの会
〒346-0003　久喜市久喜中央1-9, 2-703

　提供費は、日本円で8,000円（予告なく変更されることがあります）です。米ドルなどの外国通貨での支払いは、申込書受理日の為替レートが適用されます。

● 専用画像CD-ROMに収録されている画像の取り扱い

　収録されている全画像データ（.BMP）ならびにそこから得られる派生製品は、日本国の著作権保護法の保護対象になっています。いかなる態様においても、転用、流用、電磁的な配信は禁じられています。使用しているデータ諸元と画像著作権は、下記になります。

　　衛星とセンサー：ランドサット5号TM、ランドサット7号ETM+
　　データ所有：アメリカ合衆国政府
　　データ提供：Space Imaging/JAXA（宇宙航空研究開発機構）
　　解析/画像著作：福田重雄（Ken Shigeo Fukuda）

収録画像の二次使用にあたっての留意事項
　収録されている全画像データは、衛星画像の普及と教育支援を目的に提供されたデータから解析されています。特定な個人、企業、団体に利益をもたらす行為、または風評をもたらす行為で使用することは、米国ならびに日本のデータ管理機関によって禁じられています。雑誌、書籍、テレビ、頒布物などの商業媒体で使用する場合は、画像著作権者本人または著作権者代理人の書面による事前同意と画像使用料が必要です。但し、以下の目的で使用する場合、画像使用料は免除されます。
①小・中学校、高校、大学等で児童、生徒、学生への教育支援を目的に使用する場合
②非営利の学会誌や専門誌の論文等で補助資料として使用する場合
③地域の住民が主体となって活動している農業、観光、商工、防災などの団体が地域全体の公益活動等に使用する場合
④テレビや新聞などの報道機関がニュース報道の中で客観的な資料として使用する場合

福田重雄 (Ken Shigeo Fukuda)

栃木県生まれ。科学ジャーナリスト兼作家。
カリフォルニア州立大学ロサンゼルス校財務学科卒業。
連絡先：〒346-0003　埼玉県久喜市久喜中央1-9、2-703　FAX：0480-23-8334

　外資系保険会社、セイコーエプソン、フランス大使館、京セラなどに勤務。衛星画像の利用普及と教育支援を目的に米国政府所有の資源探査衛星ランドサットが観測した日本全域のデータ利用権をSpace Imaging EOSATから取得。JAXA外部研究員として衛星画像の利用普及と教育支援を目的に各地でアースウォッチ教室や講演会を開催。2014年からは教育支援を目的に、沖縄県を除く全国46都道府県を都道府県単位で解析したランドサットの主題別カラー画像データを提供。『サイアス』(朝日新聞社)、『子供の科学』(誠文堂新光社)、『マネジメントレビュー（現：JMAマネジメント）』(日本能率協会)などで衛星画像を使った自然探索、アースウォッチの旅を連載。

　主な著書に、『パソコンで楽しむアースウォッチ──ランドサットのデータ解析』(NHK出版)、『アースウォッチの旅入門──歩く・探す・見つける…衛星画像の歩き方』(誠文堂新光社)、『アースウォッチの旅ガイド 衛星画像で旅する日本の原風景と温泉(中部・西日本編)』(新潟日報事業社)、『衛星画像で知る温泉と自然の湯(東日本編)』(草思社)、『ランドサットミステリー「霧に浮かぶマザーボード」』(光芒社)、『カリフォルニアに生きる日本人たち』(双葉社)など。電子書籍では、『新・アースウォッチの旅講座』(マイナビ出版)、『Japan Atlas, Volcanoes and Blue Ridge』(T&K)などがある。

衛星画像で読み解く
噴火しそうな日本の火山

2017年4月25日　第1版第1刷発行

著者　福田重雄
発行者　串崎 浩
発行所　株式会社 日本評論社
　　　　〒170-8474 東京都豊島区南大塚3-12-4
　　　　電話：03-3987-8621［販売］　03-3987-8599［編集］
印刷　藤原印刷株式会社
製本　株式会社難波製本
カバー＋本文デザイン　粕谷浩義

Ⓒ Ken Shigeo Fukuda 2017 Printed in Japan
ISBN978-4-535-78843-5

JCOPY〈(社)出版者著作権管理機構委託出版物〉
本書の無断複写は著作権法上での例外を除き禁じられています。複写される場合は、そのつど事前に、(社)出版者著作権管理機構（電話：03-3513-6969, FAX：03-3513-6979, e-mail：info@jcopy.or.jp）の許諾を得てください。また、本書を代行業者等の第三者に依頼してスキャニング等の行為によりデジタル化することは、個人の家庭内の利用であっても、一切認められておりません。